纺织服装类"十四五"部委级规划教材

# FASHION DISPLAY

## 服装陈列

陈玉发 陈诺 吕杰英 主编

东华大学出版社·上海

视频教学合集

图书在版编目（CIP）数据

服装陈列 / 陈玉发，陈诺，吕杰英主编 . — 上海：东华大学出版社，2024.1
ISBN 978-7-5669-2259-5

Ⅰ. ①服… Ⅱ. ①陈… ②陈… ③吕… Ⅲ. ①服装—陈列设计—高等职业教育—教材 Ⅳ. ① TS942.8

中国国家版本馆 CIP 数据核字 (2023) 第 163989 号

责任编辑：张力月
封面设计：101STUDIO

## 服装陈列
### FUZHUANG CHENLIE

主　　编：陈玉发　陈　诺　吕杰英
副主编：杨龙女　王　慧　洪文进　汪郑连　陈　鹏

出　　版：东华大学出版社（上海市延安西路1882号，邮政编码：200051）
网　　址：http://dhupress.dhu.edu.cn
天猫旗舰店：http://dhdx.tmall.edu.cn
营销中心：021-62193056　62373056　62379558
印　　刷：上海龙腾印务有限公司
开　　本：889mm×1194mm　1/16　印张：8.75
字　　数：224千字
版　　次：2024年1月第1版
印　　次：2024年1月第1次印刷
书　　号：ISBN 978-7-5669-2259-5
定　　价：59.00元

# 前　言

"加快形成以国内大循环为主体、国内国际双循环相互促进"的新发展格局，为我国经济工作指明了方向。现代市场经济空前繁荣，服装消费形势和消费理念不断深入变革，如何增强产业集群内动力、延伸服装品牌价值、激发巨大内需潜能是服装销售产业亟待解决的新问题。随着终端消费的逐渐复苏，以及消费需求的趋向多元化，服装产业作为传统的终端消费品产业面临着新的挑战，服装店铺之间的差异化营销策略日益重要。

在服装行业竞争日益激烈的当下，服装陈列对于品牌营销和销售至关重要。好的服装陈列设计可以增加店铺的流量和客户黏性，提升销售额和利润。同时，随着消费者对时尚和品质的要求越来越高，服装陈列也需要保持创新和精益求精的态度，以满足消费者的需求和提升品牌价值。

《服装陈列》是一本介绍服装店铺陈列技术和管理的教材，适用于学习服装设计、视觉陈列、品牌营销等相关专业的学生以及从事服装店铺相关工作的人员。本教材共分为六个项目，每个项目包含多个任务，涵盖了服装店铺空间、形态、色彩、橱窗、灯光等各个方面的陈列技术和管理知识。通过学习本教材，读者将了解到服装店铺陈列的基本要素、设计原则、实际应用等相关内容，能够提升对陈列技术的理解和应用能力，从而更好地满足消费者的需求，推动服装店铺的发展。

本书由杭州职业技术学院牵头，杭州轻工技师学院、义乌工商职业技术学院、浙江纺织服装职业技术学院、浙江经济职业技术学院共同完成。参与编写的主要合作企业有达利(中国)有限公司、杭州花想衣裳贸易有限公司、杭州若观服饰有限公司、杭州睿觉服饰有限公司、浙江聚衣堂服饰有限公司。书中涉及案例、图片主要由以上合作企业提供。在此，对本书引用文件的著作者及在编写过程中做出贡献的人员致以诚挚的谢意！

编者

2023年6月

# 目 录
## CONTENTS

## 项目一
### 视觉营销与服装陈列岗位

任务 陈列行业及岗位认知
**002**
一、陈列行业认知 / 003
二、陈列岗位认知 / 007

## 项目二
### 服装店铺空间陈列

任务 1 店铺空间陈列构成设计
**010**
一、店铺空间陈列构成 / 011

任务 2 店铺空间陈列规划设计
**024**
一、店铺空间陈列规划的原则 / 026
二、店铺空间陈列规划之通道设计 / 027
三、店铺空间规划之商品平面设计与规划 / 029
四、店铺空间陈列平面图绘制 / 034

## 项目三
### 服装店铺形态陈列

任务 1 店铺陈列基本形态设计
**040**
一、卖场陈列基本形态设计的原则 / 042
二、卖场陈列基本形态设计 / 043

任务 2 店铺陈列组合形态设计
**054**
一、形式美法则在陈列组合形态设计中的应用 / 056
二、店铺陈列组合形态设计 / 056
三、店铺陈列组合摆放设计 / 059

# DISPLAY

## 项目五
### 服装店铺橱窗陈列

**任务 1 店铺橱窗陈列氛围设计**
**078**
一、店铺橱窗陈列构成 / 080
二、橱窗氛围营造基本方式 / 086

**任务 2 店铺橱窗陈列方案设计**
**094**
一、橱窗陈列设计的基本原则 / 095
二、橱窗陈列设计的灵感来源 / 096
三、橱窗陈列设计的表现手法 / 099
四、橱窗陈列设计的步骤 / 104

## 项目四
### 服装店铺色彩陈列

**任务 1 店铺陈列色彩搭配设计**
**062**
一、店铺陈列的色彩原理 / 063
二、店铺陈列的色彩特点 / 066
三、店铺陈列的色彩搭配 / 067

**任务 2 店铺陈列色彩方案设计**
**070**
一、店铺陈列的色彩设计方法 / 071
二、店铺陈列的色彩规划 / 075

## 项目六
### 服装店铺陈列管理

**任务 1 服装店铺陈列调研与分析**
**106**
一、服装店铺陈列调研内容设计 / 107
二、服装店铺陈列调研报告撰写 / 115

**任务 2 服装品牌陈列手册**
**118**
一、陈列手册的作用 / 119
二、陈列手册的分类 / 120

**任务 3 服装店铺灯光陈列**
**124**
一、服装店铺灯光陈列的作用 / 126
二、服装店铺灯光陈列的原则 / 126
三、服装店铺灯光陈列的分类 / 130

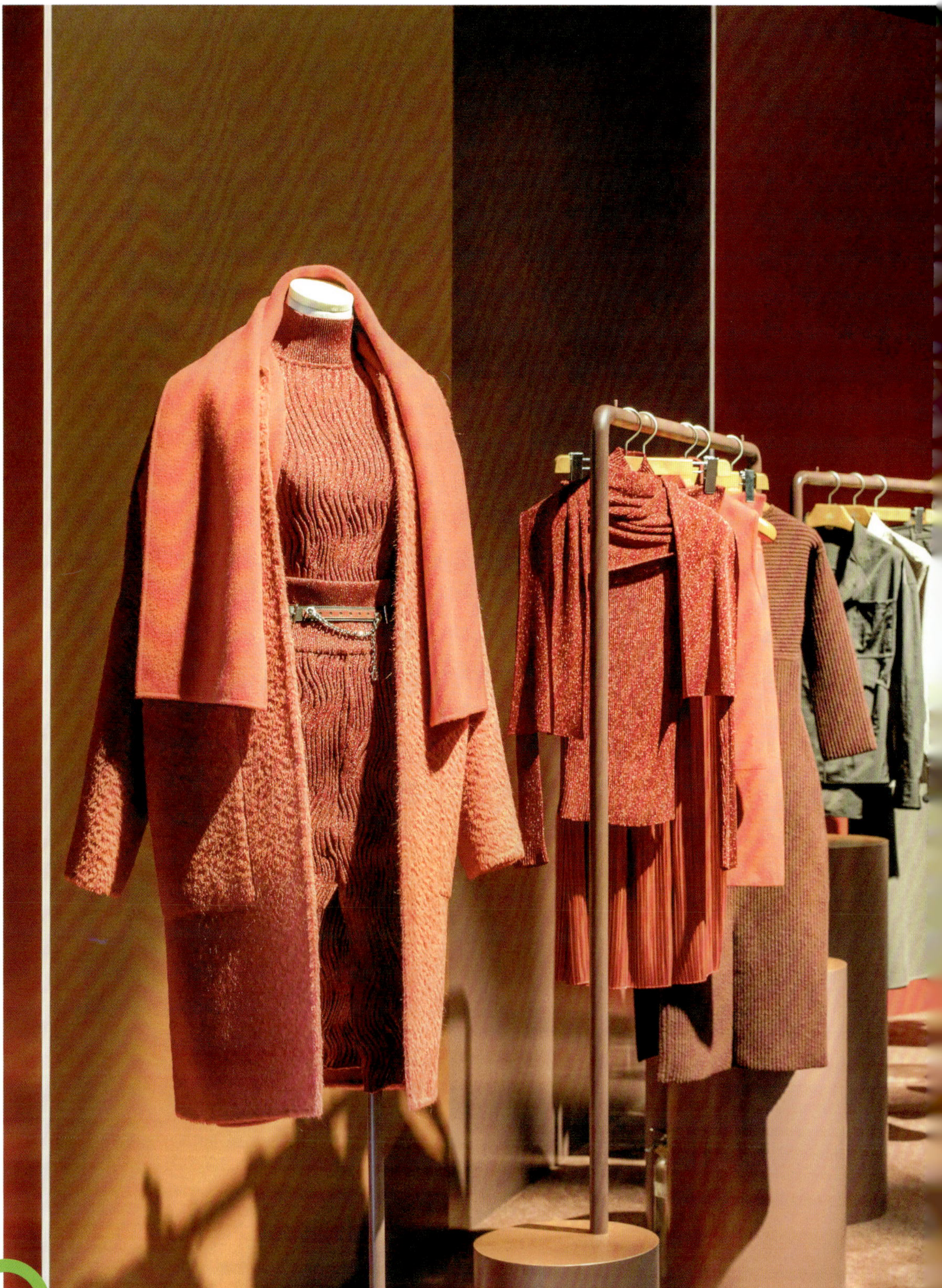

# FASHION DISPLAY

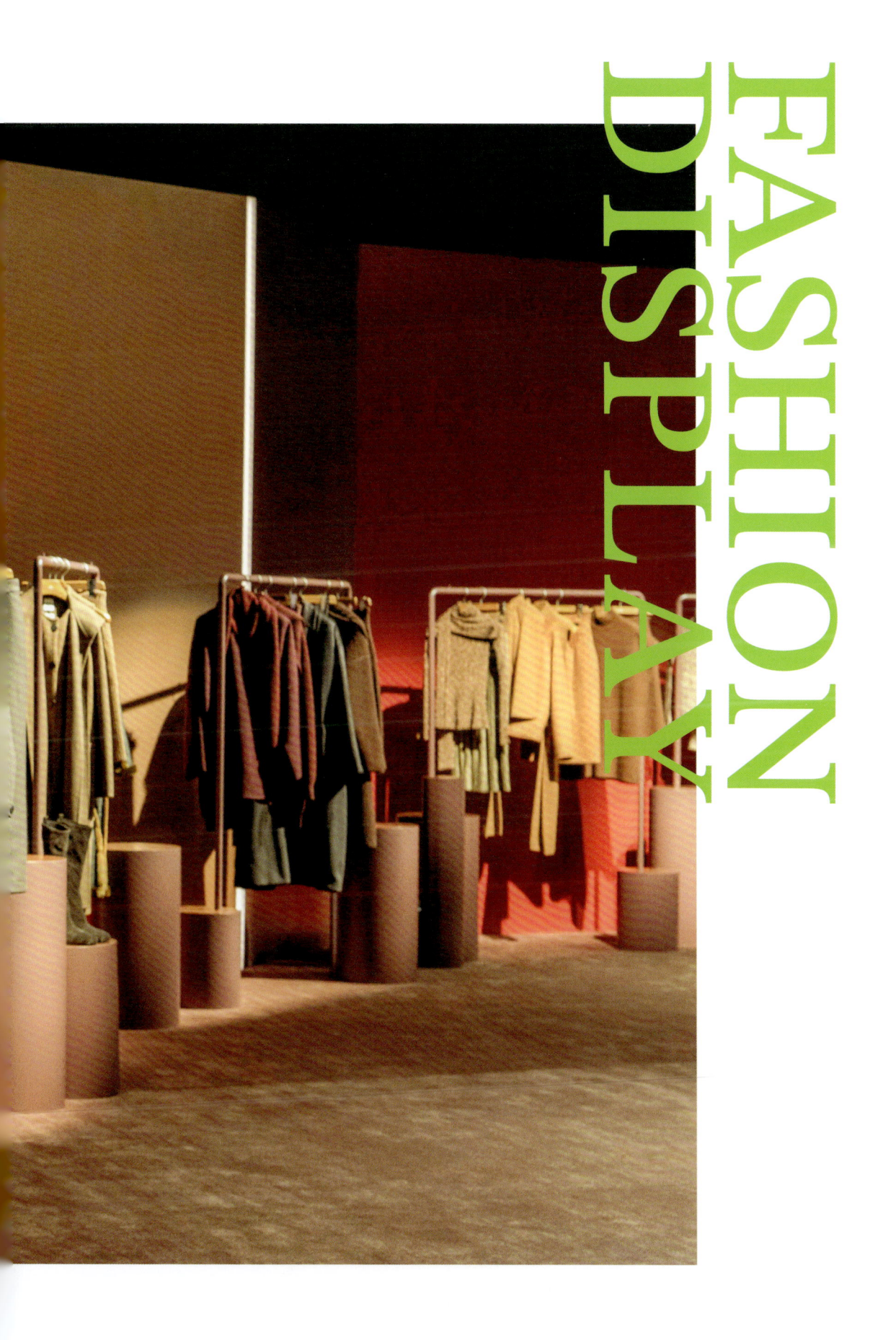

## 项目一 视觉营销与服装陈列岗位

### 任务 陈列行业及岗位认知

**| 任务描述 |**

初入服装陈列行业工作的新人，需要对服装陈列行业及岗位有基本认识，能进行服装陈列相关岗位的职业生涯规划。

**| 知识目标 |**

了解服装陈列行业及陈列师的岗位职责、就业前景。

**| 技能目标 |**

能根据服装陈列岗位职责进行个人职业能力分析。

**| 素质目标 |**

教育引导专业学生热爱祖国，热爱专业，坚定信念，立志扎根人民、奉献国家。

图1-1-1 服装陈列图

| 知识学习 |

**一、陈列行业认知**

**（一）服装陈列的概念**

陈列的英文为 Display、Visual Presentation。"陈"指的是陈设，在服装店铺中体现为商品的摆放。"列"指的是排列，强调商品摆放的有序。服装陈列是一门综合性的学科，它涵盖了营销学、视觉艺术、人体工程学、服装搭配、灯光设计等多门学科（图1-1-1）。

服装陈列是以服装、服饰为主体，运用视觉化手段对橱窗、陈列架（柜）、道具、模特、灯光、音乐、POP海报、通道等元素进行科学的设计与布置，从而达到促进销售业绩和提升品牌形象的一种视觉营销活动。

## （二）服装陈列的功能

### 营造购物氛围，促进产品销售

服装陈列的最终目的是促进产品销售，营造愉悦的购物氛围是促进销售的重要手段。服装陈列的橱窗陈列、空间陈列、色彩陈列、灯光陈列等工作内容都是围绕营造购物氛围而展开的。终端店铺通过打造符合消费者定位的场景陈列，建立不同形式、种类的互动陈列，营造购物氛围，促进产品销售。

### 商品信息传达，传递品牌文化

服装陈列的重要功能就是进行商品信息传达，将商品的色彩、款式、图案、搭配等信息，通过视觉化陈列手段来呈现，提升商品品质，增加商品附加值。品牌对商品的理解，通过商品信息传递出来，进而体现品牌文化。品牌文化的核心是文化内涵，具体而言是其蕴涵的深刻的价值内涵和情感内涵，也就是品牌所凝练的价值观念、生活态度、审美情趣、个性修养、时尚品位、情感诉求等精神象征。

## （三）服装陈列的发展历程

四川广汉出土的市楼画像砖反映了汉代市肆的面貌，可以看出汉代店铺通过商品实物陈列展示来吸引顾客。北宋画家张择端的《清明上河图》是描述北宋生活的风俗画，上面绘制了众多的店铺，其中的王家罗锦疋帛铺反映了宋代绸缎铺陈列展示场景，柜台前的一排长凳，坐着正在挑选购置绸缎的顾客。

服装销售形式的改变是服装陈列展示形成的原因之一。在纺织服装业大规模生产之前，服装都是量身定做的。19世纪中后期，裁缝店开设沿街店铺，并将服装悬挂在店铺中。20世纪初期，纺织工业兴起、商业繁荣，随着百货业的发展，商业性的服装陈列展示开始出现，并不断发展完善。

1918年上海永安百货的橱窗展示是国内陈列发展的先河，其强烈视觉化的橱窗，对商品销售起到极大的促进作用。21世纪初，随着电子商务的发展和营销理念的转变，视觉陈列受到品牌的重视，并从一种商业陈列展示的手段提升为企业视觉营销战略。

## （四）服装陈列的行业发展现状

### 个性化定制

随着消费者对个性化的追求，越来越多的服装陈列公司开始提供针对特定目标市场的量身定制服务。服装陈列的个性化定制是一种根据消费者需求和品牌特色来设计和展示服装的方法。它可以提高顾客对品牌的认知度，吸引他们进店购物，增加销售额。

### 数字化陈列

随着信息化技术的进步和数字营销的普及，越来越多的服装陈列开始采用数字化展示方式。服装品牌使用虚拟现实技术来展示店铺陈列，消费者可以通过VR设备体验虚拟现实场景中的服装展示效果。这种展示方式不仅可以提供更加真实的购物体验，而且可以减少实际陈列的成本和占用空间。终端店铺采用互动屏幕来展示服装，消费者可以通过触摸屏幕了解服装的详情和搭配建议，并可以通过屏幕进行自主搭配。这种方式能够增加消费者参与感和购物趣味性。

### 环保可持续

在环保意识不断增强的今天，越来越多的消费者和品牌都在追求可持续发展。服装陈列的环保可持续性是指在服装陈列的同时，遵循环保原则和可持续发展的理念，减少对环境的影响，提高资源利用效率。陈列架、衣架、道具等辅助物品均采用回收再利用的材料，例如纸板、木头等，以减少对环境的污染。在店内展示有关环保、可持续发展的海报、宣传品等，加强消费者对环保概念的认识，增强其环保意识。

### （五）视觉营销

#### 视觉营销的概念

视觉营销是指通过视觉化手段促进销售的营销体系，在服装领域中主要包括商品计划、卖场环境、服装陈列三个部分。视觉营销以商品计划为基础，以卖场环境为展示舞台，以服装陈列为技术手段，实现服装卖场终端陈列效果，从而吸引顾客进店消费（图1-1-2）。

#### 视觉营销与服装陈列

服装陈列侧重于从陈列的角度考虑服装店铺的艺术设计，强调设计的艺术性和人文气息。视觉营销侧重于从视觉的角度考虑服装店铺的商品销售，强调营销的商业运作。

视觉营销下的服装陈列主要由视觉陈列、重点陈列、单品陈列构成。视觉陈列体现店铺陈列主题，提高店铺商品形象。视觉陈列一般位于店铺橱窗、卖场入口或店铺展示舞台等位置，其功能主要是商品展示，吸引顾客进店。重点陈列体现不同系列商品的卖点，一般位于卖场内吸引顾客视线的地方，如墙面或货架上端，其功能主要是商品展示及引导销售。单品陈列体现商品的款式与颜色，一般位于店内的陈列货架，其功能是商品销售。

图1-1-2 视觉营销图

## 二、陈列岗位认知

服装陈列师也称视觉陈列师，通过对服装产品相互关系、内在含义、价值定位、销售战略等因素的分析研究，利用视觉艺术手段引起顾客对商品的兴趣，满足顾客对体验商品内涵和服务品质的需求，从而促进销售和提升商品价值。

### （一）服装陈列师职业素养

#### 专业素养

服装陈列师主要是以服装及服饰作为媒介进行陈列的，服装陈列师首先需要具备服装方面的专业能力，主要包括服装面料、服装搭配、服装色彩、服装史等方面。服装陈列的主要场所是终端店铺，服装陈列师需要具备空间展示方面的专业能力，主要包括商业空间设计、灯光设计、构成设计、色彩设计等方面。服装陈列的目的是促进销售，服装陈列师需要具备服装销售方面的专业能力，主要包括服装销售、消费心理学、数据分析等方面。服装陈列师需要将设计意图表现出来，需要具备计算机方面的专业能力，主要包括熟练使用 Word、Excel、PPT、Photoshop、CorelDRAW 等软件。

#### 艺术修养

服装陈列师是通过视觉展示来促进销售的，需要具备一定的艺术修养。服装陈列师需要具备美学方面的艺术修养，具备良好的艺术审美能力，能运用形式美法则进行陈列创作。服装陈列师需要具备绘画方面的艺术修养，了解一定的绘画史，能进行一定的绘画创作。服装陈列师还需要具备音乐、建筑、雕塑、戏曲等方面的艺术修养。

#### 人文修养

服装陈列师的人文修养主要是指其需要具备历史、哲学、宗教等方面的人文知识。陈列师要具有强烈的社会使命感和责任心，始终信念坚定。服装陈列应具有强烈的文化属性，而陈列师的生活阅历和人文知识都会影响到陈列设计创作的深度。服装陈列师需要不断提升自身的人文修养，才能将服装陈列的商业性和文化性充分融合。

## （二）服装陈列师岗位职责

服装陈列师根据其工作内容及岗位性质通常分为服装陈列设计师、服装陈列培训师、服装空间陈列师。服装陈列设计师的岗位职责主要是店铺陈列设计、店铺陈列调整、新款投放、陈列数据分析。服装陈列培训师的岗位职责主要是专业陈列培训、培训方案设计。服装空间陈列师的岗位职责主要是卖场空间设计及施工、陈列道具开发及采购。

## （三）服装陈列师岗位设置（表1-1-1）

表1-1-1 服装陈列师岗位设置

| 职位 | 职责范畴 |
| --- | --- |
| 全国陈列经理 | 陈列水平的不断完善<br>陈列团队建设（陈列人员培养）<br>陈列资料的开发<br>和零售负责人进行工作对接 |
| 区域陈列主管 | 定期给城市陈列主管和陈列师培训更新陈列方式<br>定期出差到各个城市现场指导工作<br>和零售负责人进行工作对接<br>定制年度计划以及目标 |
| 城市陈列主管 | 定期与陈列师一起调整店铺，保证城市店铺有良好统一的陈列形象<br>定制年度、季度以及月度工作计划及目标<br>制定整个城市的培训计划<br>定期给陈列师培训、开会、总结 |
| 陈列师 | 完成店铺陈列调整工作<br>跟踪店铺形象维护<br>定期给予店铺人员陈列培训 |
| 陈列副手（陈列小助手） | 协助陈列师完成店铺调整工作<br>维护店铺陈列细节工作 |

| 课程实训 |

通过求职网站搜索本地区服装陈列师岗位的需求情况，了解陈列师的岗位职责和任职要求。

| 知识测试 |

### 单选题

1. 服装陈列是通过一系列卖场元素进行有组织的规划，卖场元素主要有（　　　）。
   A. 产品、橱窗、货架　　　　　　　　　B. 道具、模特、灯光
   C. 音乐、POP海报、通道　　　　　　　D. 以上都是

2. 服装陈列的主要作用是（　　　）。
   A. 促进销售、提升品牌形象　　　　　　B. 整洁、美观
   C. 减少销售人员的劳动强度　　　　　　D. 方便顾客购买

3. （　　　）体现商品的款式与颜色，一般位于店内的陈列货架，其功能是商品销售。
   A. 视觉陈列　　　　B. 重点陈列　　　　C. 单品陈列　　　　D. 色彩陈列

4. （　　　）体现不同系列商品的卖点，一般位于卖场内吸引顾客视线的地方，如墙面或货架上端，其功能主要是商品展示及引导销售。
   A. 视觉陈列　　　　B. 重点陈列　　　　C. 单品陈列　　　　D. 色彩陈列

### 多选题

1. 视觉营销在服装领域中主要包括（　　　）三个部分。
   A. 商品计划　　　　B. 卖场环境　　　　C. 服装陈列　　　　D. 橱窗设计

2. 视觉营销下的服装陈列主要由（　　　）构成。
   A. 视觉陈列　　　　B. 重点陈列　　　　C. 单品陈列　　　　D. 色彩陈列

3. 服装陈列师职业素养主要有（　　　）。
   A. 专业素养　　　　B. 艺术修养　　　　C. 人文修养　　　　D. 音乐修养

### 判断题

1. 服装陈列是一门综合性的学科，它涵盖了营销学、视觉艺术、人体工程学、服装搭配、灯光设计等多门学科。（　　　）

2. 视觉营销是指通过视觉化手段促进销售的营销体系。（　　　）

3. 视觉营销以卖场环境为基础，以商品计划为展示舞台，以服装陈列为技术手段，实现服装卖场终端陈列效果，从而吸引顾客进店消费。（　　　）

4. 服装陈列侧重于从陈列的角度考虑服装店铺的艺术设计，强调设计的艺术性和人文气息。（　　　）

5. 视觉营销侧重于从视觉的角度考虑服装店铺的商品销售，强调营销的商业运作。（　　　）

# 项目二 | 服装店铺空间陈列

## 任务 1 店铺空间陈列构成设计

**| 任务描述 |**

某服装品牌新开店铺要进行店铺空间陈列构成设计，服装陈列师要协助空间规划部门进行店铺空间构成设计。

**| 知识目标 |**

熟悉店铺空间陈列构成设计的组成及要求。

**| 技能目标 |**

能根据品牌特点和终端卖场的实际要求，进行店铺空间陈列构成设计。

**| 素质目标 |**

培养学生的家国情怀，弘扬中华美育精神，培养工匠精神、责任意识。

| 知识学习 |

## 一、店铺空间陈列构成

终端店铺是品牌商品销售重要的陈列展示空间，根据服务对象划分为商品空间、顾客空间、导购空间。服装陈列的目的是促进销售，店铺空间陈列构成按营销管理流程划分为导入部分、营业部分、服务部分（图2-1-1）。

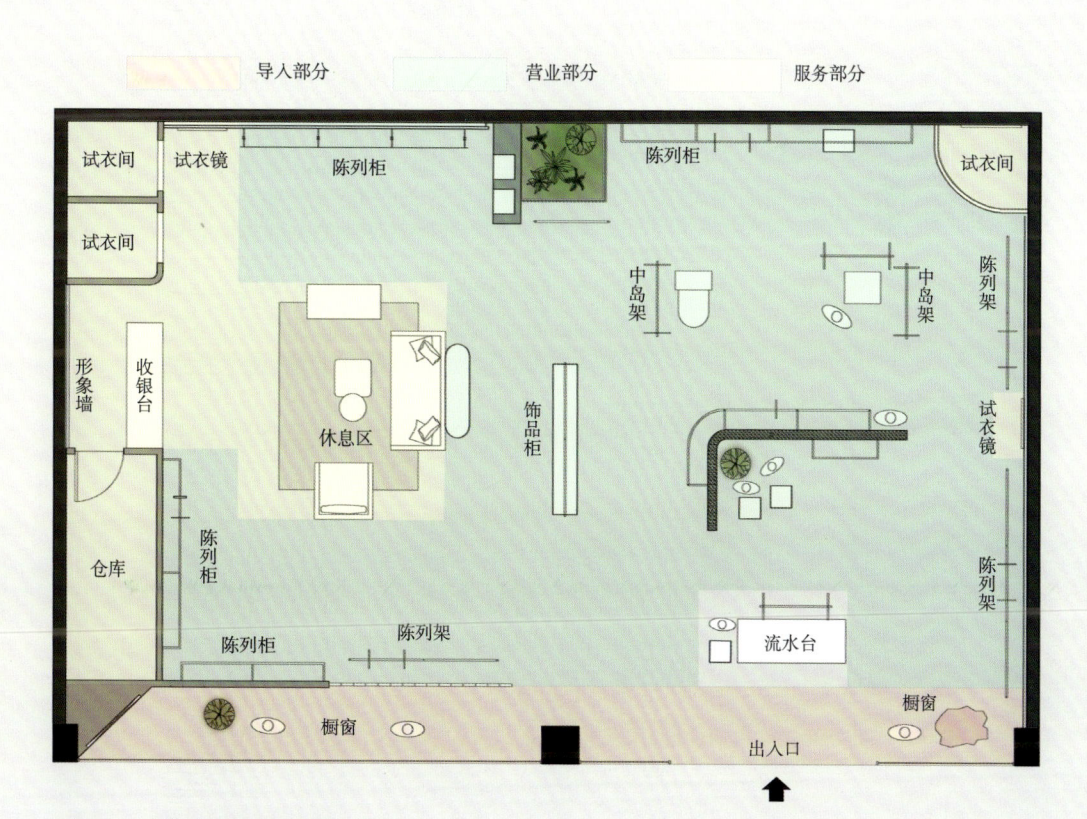

图2-1-1 店铺空间陈列结构图

## （一）导入部分

导入部分位于店铺空间的最前端，是顾客对店铺空间的第一印象，需要重点告知顾客店铺商品信息。导入部分是吸引顾客进店的重要区域，主要包括店头、橱窗、POP看板、流水台、出入口等元素。

**店头**

店头位于店铺外部空间，是店铺的标志，也是品牌视觉形象识别的核心，通常由品牌标识或图案组成，用以吸引顾客（图2-1-2）。店头设计一般考虑品牌的顾客定位和企业的形象识别系统。

图2-1-2 店铺空间陈列构成之店头

图2-1-3 店铺空间陈列构成之橱窗

### 橱窗

橱窗通常位于卖场前端，是由模特、道具、灯光、背景等元素组成的围合空间（图2-1-3）。通过品牌销售主题的营造，突出表达品牌的设计理念与销售信息。橱窗通常设置在出入口的单侧或两侧，和店铺出入口一起构成店铺的门面，达到吸引顾客进店的目的。

### POP看板

POP看板位于卖场入口处或橱窗显眼位置，通常由文字和图片组成平面或电子POP广告告知卖场销售信息（图2-1-4）。POP看板是卖场吸引顾客进店的重要手段之一，其展示的销售信息应与店内活动一致。POP看板也可以分为商品POP、事件POP、节日POP、季节POP。

图2-1-4 店铺空间陈列构成之POP看板

图2-1-5 店铺空间陈列构成之流水台

### 流水台

流水台位于卖场入口处或店铺显眼位置，通常是由高低错落的陈列桌或陈列台组成的（图2-1-5）。流水台主要用于摆放重点推荐或表现品牌风格的款式，也可以通过与陈列架、模特组等形成一定的造型组合来吸引顾客进店。

图 2-1-6 店铺空间陈列构成之出入口

### 出入口

出入口是顾客进出卖场的通道，关系到顾客整个购物流程的起始（图 2-1-6）。由于店铺空间构造的现实因素，大部分店铺的出口与入口是合二为一的。出入口由于品牌顾客定位的不同，其大小设置也会有所不同。出入口的空间形式有平开式和内嵌式两种。平开式出入口通常是橱窗与出入口在同一水平线上，优点是经济效率高且占用销售空间少。内嵌式出入口则是出入口与橱窗不在同一水平线上，略向后退，形成一个店内与店外的缓冲空间。

## （二）营业部分

营业部分是卖场的核心区域，是卖场的商品销售空间，主要是由陈列道具和装饰道具组成的。由于品牌风格和类型的差异，营业部分的陈列道具也可以按不同的构造、高度、位置、功能等方式进行分类（表2-1-1）。

表2-1-1 营业部分陈列道具分类

| 分类方式 | 名称 | 具体要求 |
| --- | --- | --- |
| 构造 | 陈列柜 | 两侧及后面封闭，前面开放（图2-1-7） |
| | 陈列架 | 以框架结构形式组成（图2-1-8） |
| 高度 | 高柜（架） | 高度在2米及以上 |
| | 矮柜（架） | 高度在1.35米左右 |
| 位置 | 边柜（架） | 摆放在靠墙位置的货架 |
| | 中岛柜（架） | 摆放在靠卖场中间位置的货架 |
| 形状 | 风车架 | 造型像风车，用于展示服装和裤子的陈列架 |
| | 圣诞树架 | 形状像圣诞树，用于展示叠装的三层圆盘架 |
| 功能 | 鞋柜 | 主要用于展示鞋的陈列柜 |
| | 领带柜 | 主要用于展示领带的陈列柜 |
| | 饰品柜 | 主要用于展示饰品的陈列柜 |

图2-1-7 陈列柜

图2-1-8 陈列架

### （三）服务部分

服务部分主要包括试衣区、收银台、休息区、仓库等，其设置目的主要是辅助店铺的销售活动，营造舒适的购物环境。

图2-1-9 店铺空间陈列构成之试衣区

**试衣区**

试衣区是供顾客试衣、更衣的区域（图2-1-9）。试衣区包括试衣间和试衣镜。试衣间设计时首先要考虑的是安全性和私密性，试衣间尽量不要正对着出入口。试衣间位置上一般位于店铺的最内侧，从而延长顾客的活动路线，提升店铺的连带销售。

试衣间通常分为标准试衣间、圆形试衣间、挂帘式试衣间等，试衣间的数量跟店铺大小、品牌定位、顾客数量等因素有关。试衣间的尺寸设计上要考虑顾客试衣活动的舒适性，其平面的长度和宽度应该不少于100cm。

图2-1-10 店铺空间陈列构成之收银台

**收银台**

收银台是顾客付款结算的地方（图2-1-10）。收银台既是顾客购物活动的终点，也是店铺培养顾客潜在忠诚度的起点。收银台通常设置在正对着店铺出入口的位置，从而便于销售人员了解顾客进店情况。

图2-1-11 店铺空间陈列构成之休息区

**休息区**

休息区是顾客休息、等待的区域，其设置的目的是提升顾客的消费体验和增加二次销售的概率（图2-1-11）。休息区通常由休息座椅、茶几、品牌宣传物品组成，休息区在位置上可以靠近试衣间，并开设一定的饰品陈列区。

仓库

仓库主要是存放店铺销售货品的区域，其位置通常设置在店铺的最内侧（图2-1-12）。仓库的设定及面积大小，主要是视店铺面积和销售情况而定。

图2-1-12 店铺空间陈列构成之仓库

| 任务实施 |

根据店铺原始结构图（图2-1-13）进行店铺空间陈列构成设计。店铺功能规划上要求有两个试衣间和一个仓库。

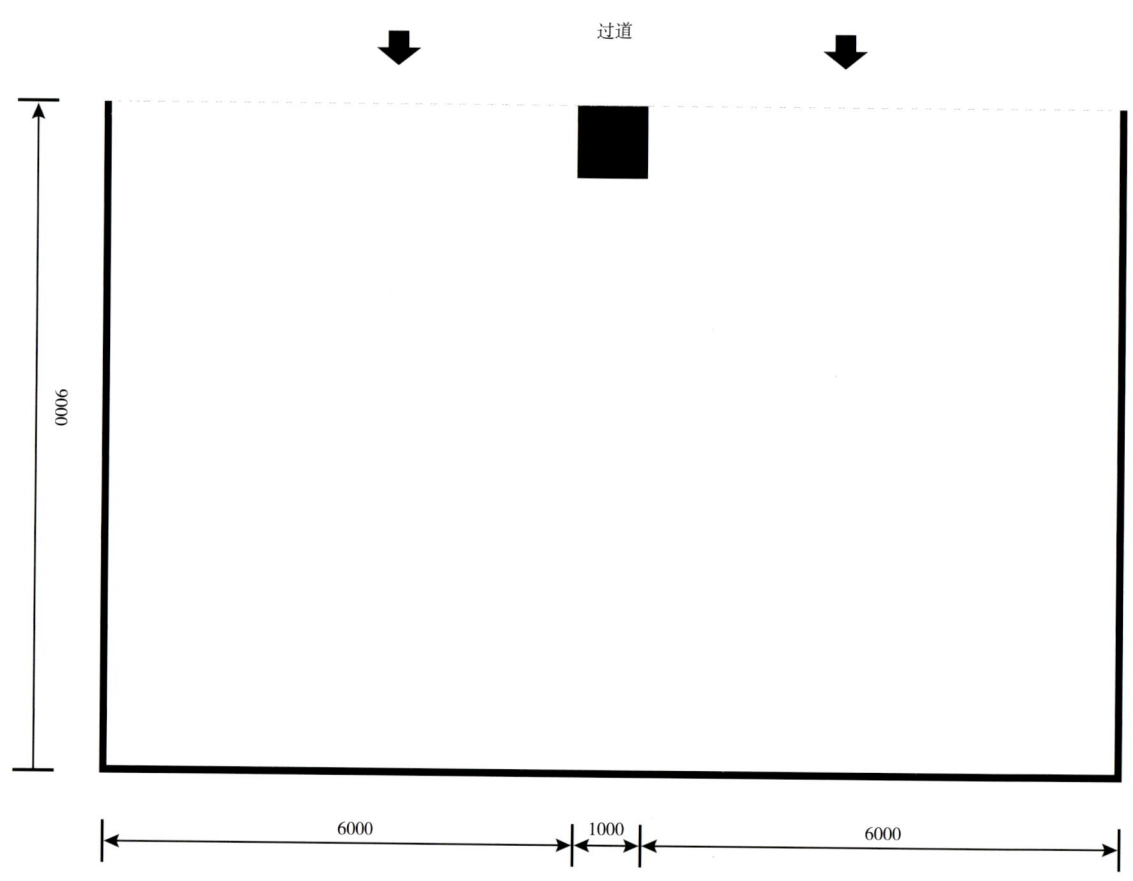

图2-1-13 店铺原始结构图（单位：mm）

| 知识测试 |

### 单选题

1. （　　）位于店铺空间的最前端，是顾客对店铺空间的第一印象，需要重点告知顾客店铺商品信息。

   A. 导入部分　　　　B. 营业部分　　　　C. 服务部分　　　　D. 商品空间

2. （　　）是卖场的核心区域，是卖场的商品销售空间，主要是由陈列道具和装饰道具组成的。

   A. 导入部分　　　　B. 营业部分　　　　C. 服务部分　　　　D. 商品空间

3. （　　）于卖场入口处或店铺显眼位置，通常是由高低错落的陈列桌或陈列台组成的。

   A. 流水台　　　　　B. 橱窗　　　　　　C. 展台　　　　　　D. POP看板

### 多选题

1. 服装陈列的目的是促进销售，店铺空间陈列构成按营销管理流程划分为（　　）。

   A. 导入部分　　　　B. 营业部分　　　　C. 服务部分　　　　D. 商品空间

2. 服务部分主要包括（　　）。

   A. 试衣区　　　　　B. 收银台　　　　　C. 休息区　　　　　D. 仓库

3. 导入部分是吸引顾客进店的重要区域，主要包括（　　）。

   A. 店头　　　　　　B. 橱窗　　　　　　C. 出入口　　　　　D. POP看板、流水台

### 判断题

1. 试衣区是供顾客试衣、更衣的区域，试衣区包括试衣间和试衣镜。（　　）

2. 收银台既是顾客购物活动的终点，也是店铺培养顾客潜在忠诚度的起点。（　　）

3. 休息区是顾客休息、等待的区域，其设置的目的是提升顾客的消费体验和增加二次销售的机率。（　　）

# 任务2　店铺空间陈列规划设计

| 任务导入 |

　　陈列师根据服装品牌店铺要求进行店铺空间陈列规划设计，并完成店铺空间陈列平面图绘制。

| 知识目标 |

　　熟悉店铺空间陈列规划设计的要求与流程。

| 技能目标 |

　　能根据服装品牌要求进行店铺空间陈列规划设计，并进行店铺空间平面图绘制。

| 素质目标 |

　　养成良好的团队合作精神及遵守规章和作业标准的工作习惯。

| 知识学习 |

　　店铺空间陈列规划设计就是根据店铺的空间设计进行卖场商品配置规划，从而有策略性地来引导顾客在店铺空间进行购物活动（图2-2-1）。卖场商品配置规划是指将卖场商品根据一定的规律在卖场中进行科学合理的安排。在进行卖场商品配置规划时，需要考虑品牌定位、店铺商圈、顾客群体、空间规划、客流动线、商品结构等因素。

**图2-2-1 店铺空间陈列规划设计图**

# 一、店铺空间陈列规划的原则

## （一）便于商品快速销售，实现商业价值

陈列的最终目的是促进销售。店铺空间陈列规划是一种商业行为，必须始终站在商品销售的角度考虑。以企业营运数据为基础，在现有卖场建筑结构条件下进行科学的设计与规划，实现商业性与艺术性相结合（图2-2-2）。

## （二）便于顾客接触商品，达到认同并接受商品

卖场实现商品销售，前提是顾客能够接触、感知商品，从而产生商品的认同感并接受商品。店铺空间陈列规划是在合适的空间展示合适的商品，以便于为目标顾客传达有效商品信息的商业设计活动。

## （三）便于陈列展示商品，提升商品的价值

卖场是展示商品的空间载体，空间陈列规划直接影响陈列效果。卖场规划要以顾客视觉角度突出商品的陈列，提升商品的价值。

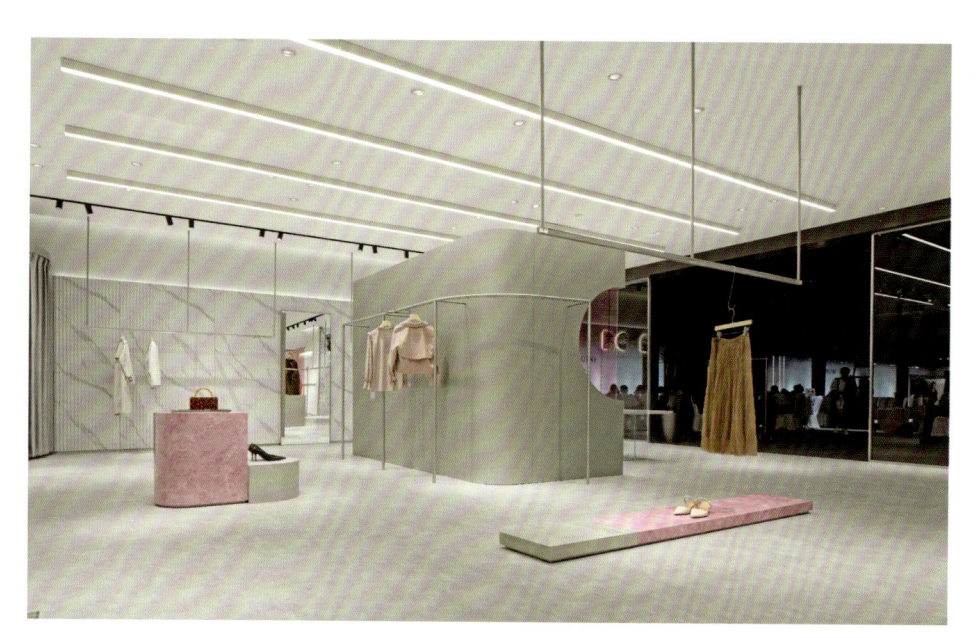

图2-2-2 店铺空间陈列规划之商业性原则

## 二、店铺空间陈列规划之通道设计

通道是顾客和销售人员在卖场中通行的空间。合理的卖场通道设计，可以使顾客愉悦地在卖场内浏览商品，并产生购物兴趣。顾客、销售人员在卖场空间中，依据通道及不同功能区域所行走的路线，就称为动线。动线，是建筑与室内设计的用语之一。人在室内室外移动的点，连接起来就成为动线。

动线设计的重点是提升顾客的通过率、停留率和购买率，以达到更有效的销售。对客流动线进行科学的设计、测量、图示和分析，不仅能有效改善卖场布局，而且对商品管理、人员配置、价格调整等都具有重要意义。

### （一）通道设计的要求

**卖场通道的便捷性**

卖场通道设计时，首先要考虑的是顾客出入及卖场空间通行的便捷性。通道应设计合理的尺寸，以方便顾客在店内购物，避免产生销售死角。

卖场的通道分主、副通道两部分。主通道是进店和离开卖场的主要通行线路，而副通道则是从主通道延伸至门店的每个角落的路线，目的是使顾客了解店内商品位置，便于选购。在通道规划时，要根据店铺平面空间实际情况，确定主通道和副通道。根据人体的尺寸和通行性，主通道设计时应该考虑两个人正面并排顺畅通行的尺寸，一般不小于120cm。副通道设计时应考虑至少一个人正面顺畅通行的尺寸，一般不小于60cm（图2-2-3）。

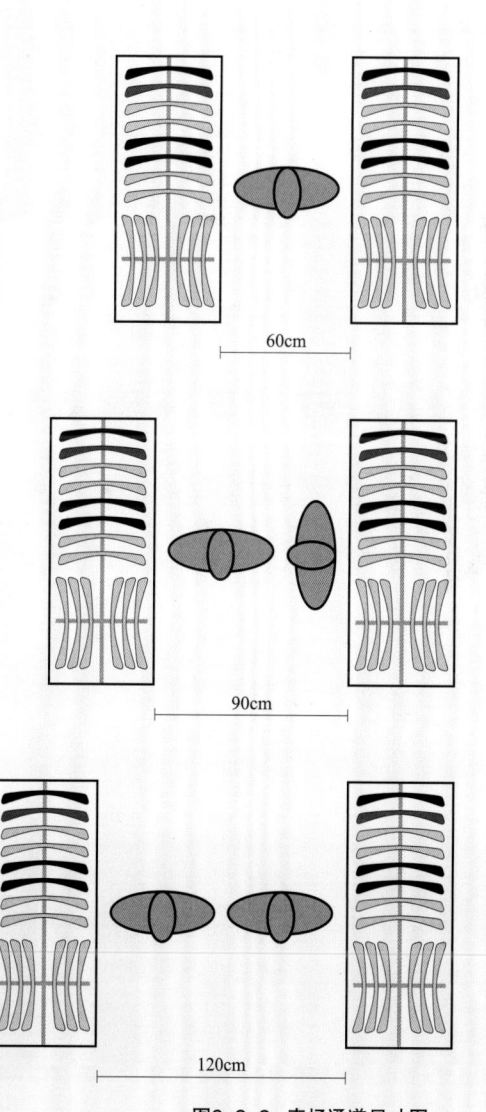

图2-2-3 卖场通道尺寸图

卖场通道的引导性

通道规划的引导性，就是通过卖场空间的主、副通道设计，促使顾客按照规划好的客流动线行走，引导顾客到达每一个销售区域。通过卖场通道的引导性，增加顾客的停留时间，从而促进销售。例如，在进行卖场空间设计时，可以通过突出卖场通道地面材质，增加通道视觉的引导性；在陈列灯光设计时，可以强调通道上方灯光照射强度，营造通道氛围，突出引导性。

通道规划的引导性，可以通过设置卖场磁石点来营造。服装卖场中最能吸引顾客注意力的地方称为磁石点，这种吸引力是依靠在整个卖场中创造视觉焦点形成的。模特展示、正挂陈列、橱窗陈列、POP海报、流水台等陈列要素都可以成为卖场中的视觉焦点。利用通道规划与视觉焦点相结合，引导顾客有序地逛整个卖场，以达到增加顾客购买率的目的。顾客行走路线越长，时间越多，购买机会越多。

## （二）通道设计的类型

直线型通道

以一个直线型主通道或一个单向型主通道为主，再辅助几个次通道的设计。顾客的行走动线沿着同一通道作单直线型的往返运动。直线型通道通常以卖场的路口为起点，以卖场收银台作为收尾，它可以使顾客在最短的线路内完成产品购买行为。

环绕型通道

环绕型通道，主通道以动态曲线型环绕整个卖场，这种通道设计适合于营业面积较大的卖场。环绕型通道具有明显的指向性，通道的指向性将顾客引导到卖场的各个主要区域，通道简洁、有变化，可以实现消费人员的分流，使顾客迅速进入陈列效果较好的边柜，可以依次浏览和购买服装。

自由型通道

自由型的通道设计有两种状。一种是货架布局灵活，呈现不规则线路分布形式。另一种是卖场中空，没有任何货柜引导顾客在卖场中的游览线路，呈自由状态。

### 三、店铺空间规划之商品平面设计与规划

卖场商品平面设计与规划，首先要按服装品牌的分类方法对店铺商品进行归类、组合和排列，然后再进行店铺的商品布局设计。

#### （一）产品线型卖场商品平面设计与规划

产品线型是指按照品牌产品结构、顾客使用目的不同来对商品进行分类，主要可以分为服装、鞋子、内衣、帽子等。产品线型卖场通过商品配置规划将顾客分流到店铺的各商品区域，能促进顾客快速选择商品，提高顾客的成交率。

在进行产品线型卖场平面设计与规划时，首先掌握品牌商品的产品线结构数据，并对数据进行分析。还要熟悉品牌店铺空间的平面设计与规划，并根据产品结构数据对店铺空间进行商品配置平面设计与规划（图2-2-4）。

图2-2-4 产品线型卖场商品平面设计与规划

## （二）季节型卖场商品平面设计与规划

季节型是按不同季节进行商品分类的类型，是服装店铺常用的商品分类方法之一。服装是季节性很强的产品，随着季节气温的变化，顾客的购物需求也会变化。季节型卖场商品可以分为春装、夏装、秋装、冬装，也可分为春夏装、秋冬装。季节交替时，季节型的橱窗设计、店铺商品配置能使店铺充满季节氛围，从而促进顾客进店，增加销售。在设计时要考虑多个季节商品共同陈列的规划，依据时间、气温、上新规划等因素考虑季节性商品的共存与过渡。

进行季节型卖场商品平面设计与规划时，首先要对品牌季度销售情况进行分析，主要包括本年度及去年度各季节商品的销售占比及变化情况，具体详见表2-2-1。还要了解未来几周内的气温变化情况（图2-2-5），要重点关注降温及假期等因素，最后对店铺空间进行商品配置平面设计与规划（图2-2-6）。

表2-2-1 季度销售分析表

| 季节服装 | 2023年 3月18日—3月24日 | 2023年3月25日—4月30日 | | |
|---|---|---|---|---|
| | | 3月25日—3月31日 | 4月1日—4月15日 | 4月16日—4月30日 |
| 春装 | 54% | 49% | 40% | 27% |
| 夏装 | 12% | 20% | 35% | 52% |
| 秋装 | 14% | 11% | 9% | 6% |
| 冬装 | 6% | 4% | 2% | 1% |
| 其他 | 9% | 14% | 12% | 11% |
| 配饰 | 4% | 2% | 2% | 3% |
| 总计 | 100% | 100% | 100% | 100% |

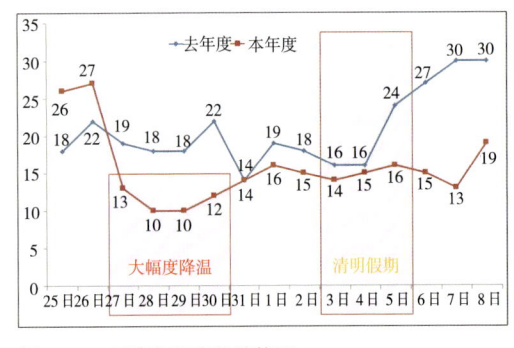

图2-2-5 最高气温变化趋势图

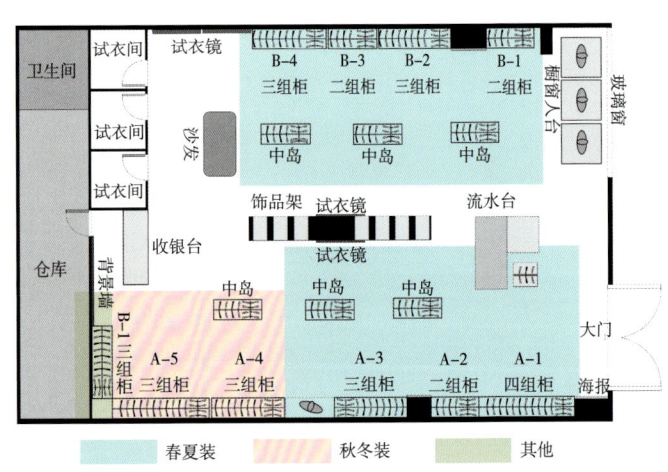

图2-2-6 季节型卖场商品平面设计与规划

## （三）性别、年龄型卖场商品平面设计与规划

服装商品配置会根据顾客的性别进行划分，再按年龄层次进行明确的分类，可以分为男装、女装、男童装、女童装等，从而引导顾客快速找到购物需求所属的店铺空间区域。性别、年龄型商品配置对品牌的要求是产品线完整，对店铺空间的要求是面积较大。这种商品配置通常在快时尚品牌运用较多，其品牌店铺空间常有多层店铺，客流的构成也具有多样性。

在进行性别、年龄型卖场商品平面设计与规划时，首先要掌握品牌商品的性别、年龄结构数据，并对数据进行分析。然后是根据店铺空间进行商品配置规划设计（图2-2-7）。多层店铺可以根据楼层进行不同性别、年龄商品配置规划，单层狭长型店铺多采用左右分区规划。

图2-2-7 性别、年龄型卖场商品平面设计与规划

## DISPLAY

### （四）生活场合型卖场商品平面设计与规划

生活场合型是指顾客不同生活场合所需服装商品的类型，也可以是指顾客的不同生活方式类别。这种类型在运动品牌使用较多，根据顾客运动的方式划分为足球服装、篮球服装、高尔夫球服装、跑步服装等。生活场合型卖场的商品品类齐全，组合搭配性强。

陈列师在进行生活场合型卖场商品平面设计与规划时，需要了解企业商品品类结构数据，然后是根据店铺空间进行生活场合型商品配置规划设计（图2-2-8）。

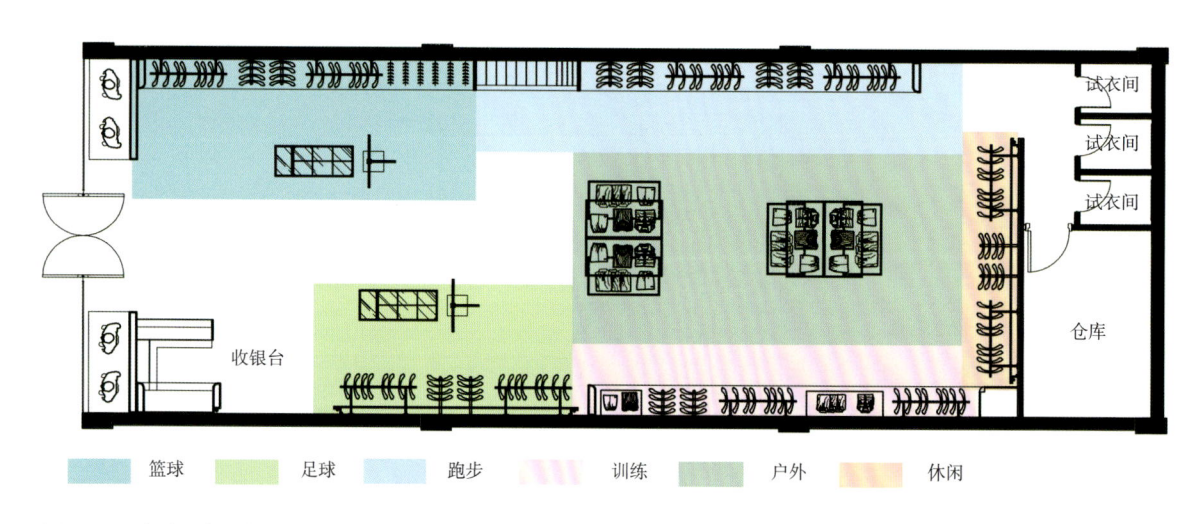

图2-2-8 生活场合型卖场商品平面设计与规划

### （五）主题系列型卖场商品平面设计与规划

主题系列型是依据品牌商品设计部开发的主题风格或商品故事进行分类的，如田园、学院、瑞丽、朋克等主题风格。主题系列型的优点是产品关联性强，色彩规划合理，商品系列完整，容易提高商品的连带销售。

在进行主题系列型卖场商品平面设计与规划时，首先要掌握商品设计部门的商品主题企划，具体详见表2-2-2。然后是根据店铺空间进行主题系列商品配置规划设计（图2-2-9）。

表2-2-2 商品主题企划

| 主题 | 冷暖花园 | 都市精灵 | 沉睡日光 |
|---|---|---|---|
| 重点颜色 | 主 色：红杉色<br>搭配色：卡其色<br>基础色：黑色、白色 | 主 色：绮罗粉色<br>基础色：藏青色、白色 | 主 色：日光黄色<br>基础色：藏青色、白色 |
| 系列描述 | 彩色的竖条纹花型运用在系列款的单上衣和连衣裙上，丰富了整组货品同时更添时髦味道。在搭配上同色系的搭配或近似色的搭配是系列的主推色彩搭配形式，更显高级质感，完美诠释都市时尚格调 | 黑底粉色花卉图案运用在单上衣及连衣裙上，更增都市浪漫柔美情怀。细节上，设计师将女性化的喇叭袖及绑带设计运用自如，彰显女性柔美气质 | 彩色竖条纹的加入，注入街头时髦味道，运用在时下大热的衬衫裙和造型感的单上衣上打造潮流出街造型。条纹花型，牛仔校服裤，叠穿造型，无不彰显极简穿衣态度 |
| 重点面料 | 条纹面料、针织面料、苎麻面料、光泽感梭织面料 | 针织面料、牛仔面料、雪纺面料、花型面料 | 牛仔面料、棉感条纹面料、针织面料、雪纺面料 |
| 重点图案 | | | |

图2-2-9 主题系列型卖场商品平面设计与规划

## 四、店铺空间陈列平面图绘制

店铺空间陈列平面图设计主要包括店铺出入口、流水台、货架、中岛、收银台、试衣间、仓库、休息区等功能区域的布局设计，同时还包含了客流动线、通道设计、磁石点设计、人体工程学设计等因素。店铺空间陈列平面图是陈列师进行店铺陈列时必备的资源之一，陈列师可以通过店铺空间陈列平面图进行商品品类分区、店铺客流陈列分区、货架销售陈列分区等方面的工作。

服装陈列师可以使用AutoCAD、CorelDRAW、Illustrator、服装陈列虚拟系统等软件进行卖场空间陈列平面图绘制。下面我们以CorelDRAW软件来讲解卖场平面图绘制，绘制店铺陈列平面图的常用比例为1∶100和1∶50。

### （一）卖场墙体绘制

（1）打开CorelDRAW软件。
（2）选择矩形工具，绘制一个矩形1，设置长为1.2mm、宽为63.2mm。
（3）再绘制一个矩形2，设置长为65.4mm、宽为1.2mm。
（4）将两个矩形对齐。
（5）选择矩形1将其复制，得到矩形3，将矩形3与矩形2对齐。
（6）Ctrl+A全选，将其填充黑色。
（7）选择手绘工具，绘制一条直线，将直线设置为虚线点。
（8）墙体绘制完成（图2-2-10）。

图2-2-10 空间陈列平面图绘制之墙体绘制

## （二）货架、试衣间、橱窗绘制

（1）绘制一个矩形，设置长为5mm、宽为24mm，将其与墙体对齐。
（2）绘制一个矩形，设置长为5mm、宽为9mm，将其与上一个矩形对齐。
（3）绘制一个矩形，设置长为5mm、宽为24mm，将其与上一个矩形对齐。
（4）绘制一个矩形，设置长为18mm、宽为5mm，将其与上一个矩形对齐。
（5）绘制一个矩形，设置长为13.5mm、宽为3mm，将其与上一个矩形对齐。
（6）绘制一个矩形，设置长为12mm、宽为0.5mm，将其与上一个矩形对齐。
（7）绘制一个矩形，设置长为1mm、宽为14mm，将其与上一个矩形对齐。
（8）绘制一个矩形，设置长为14.5mm、宽为1mm，将其与上一个矩形对齐。
（9）选择上两个矩形，将其填充为黑色。
（10）绘制一个矩形，设置长为5mm、宽为18mm，将其与上一个矩形对齐。
（11）绘制一个矩形，设置长为5mm、宽为24mm，将其与上一个矩形对齐。
（12）绘制一个矩形，设置长为18mm、宽为6mm，将其与上一个矩形对齐。
（13）货架、试衣间、橱窗绘制完成（图2-2-11）。

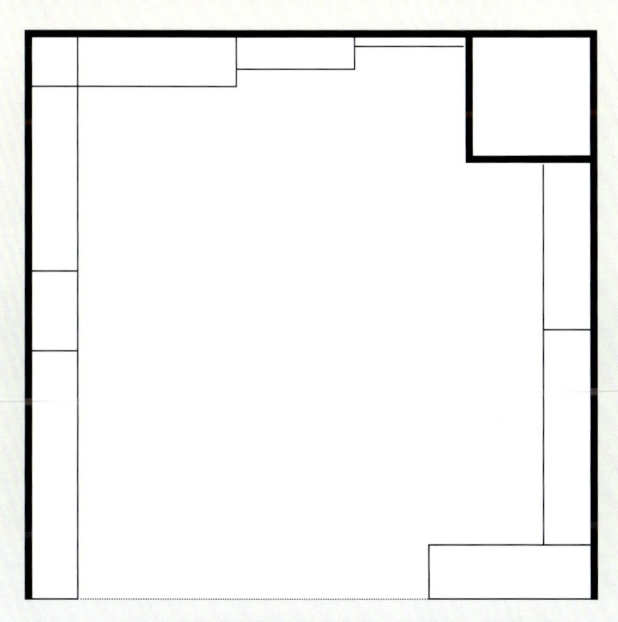

图2-2-11 空间陈列平面图绘制之货架、试衣间、橱窗绘制

## （三）中岛、流水台、收银台绘制

（1）绘制一个矩形，设置长为14mm、宽为8mm，将其与虚线点对齐。

（2）选择手绘工具，绘制一条直线。

（3）绘制一个矩形，设置长为6mm、宽为12mm。

（4）选择手绘工具，绘制一条直线，将其轮廓宽度设置为0.5mm。

（5）选择上一个矩形与直线，执行群组命令，并放置到合适的位置。

（6）复制群组两个，并将其放置到合适的位置。

（7）绘制一个矩形，设置长为6mm、宽为3mm，并将其放置到合适的位置。

（8）绘制一个矩形，设置长为12mm、宽为5mm，并将其放置到合适的位置。

（9）中岛、流水台、收银台绘制完成（图2-2-12）。

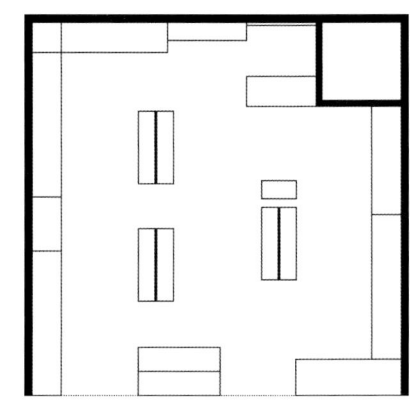

图2-2-12 空间陈列平面图绘制之中岛、流水台、收银台绘制

## （四）模特、试衣间门绘制

（1）绘制一个椭圆，设置长为5mm、宽为2mm。

（2）绘制一个椭圆，设置长为1.5mm、宽为2.5mm，将其与上一个椭圆对齐。

（3）选择上面两个椭圆，编组。

（4）复制三个群组，并放到合适的位置。

（5）绘制一个矩形，设置长为7.5mm、宽为1.3mm，将其填充白色，轮廓宽度设置为无，放置到合适的位置。

（6）绘制一个圆形，直径为15mm，将其设置为弧形，终止角度设置为90°，放置到合适的位置，并设置为虚线点。

（7）绘制一个矩形，设置长为0.2mm、宽为7.5mm。

（8）模特、试衣间门绘制完成（图2-2-13）。

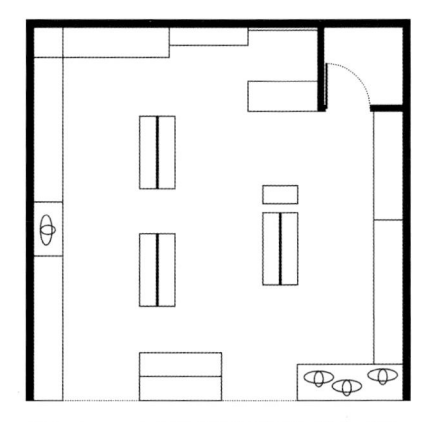

图2-2-13 空间陈列平面图绘制之模特、试衣间门绘制

### （五）标注、色块绘制

（1）完成平面图上的文字标注。

（2）将各个矩形用颜色填充（图2-2-14）。

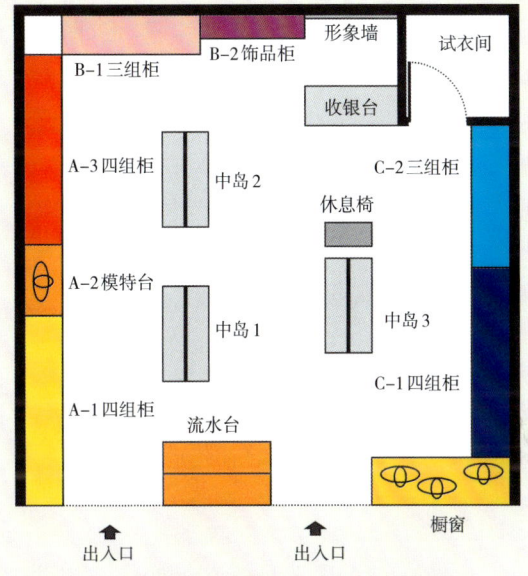

图2-2-14 空间陈列平面图绘制之标注、色块绘制

### （六）细节绘制

对货架、中岛进行细节绘制（图2-2-15）。

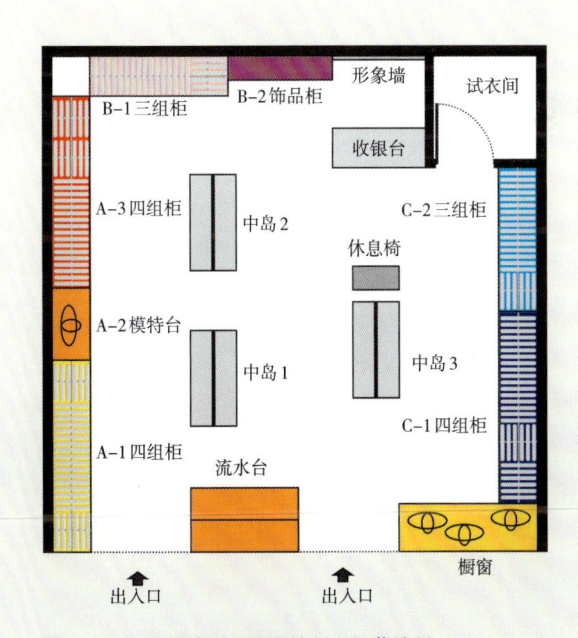

图2-2-15 空间陈列平面图绘制之细节绘制

| 任务实施 |

根据店铺平面图（图2-2-16），进行卖场商品平面设计与规划。

任务要求：

（1）完成性别、年龄型卖场商品平面设计与规划。

（2）完成季节型卖场商品平面设计与规划。

（3）以小组形式完成任务，每组3~4人。

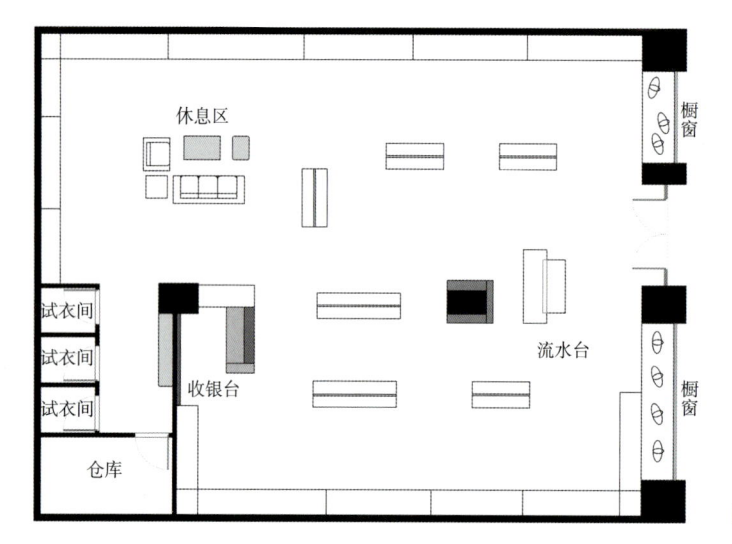

图2-2-16 店铺平面图

根据店铺室内设计图（图2-2-17），进行店铺空间陈列平面设计绘制。

任务要求：

（1）尺寸、比例绘制准确。

（2）个人独立完成，陈列平面图符合企业要求。

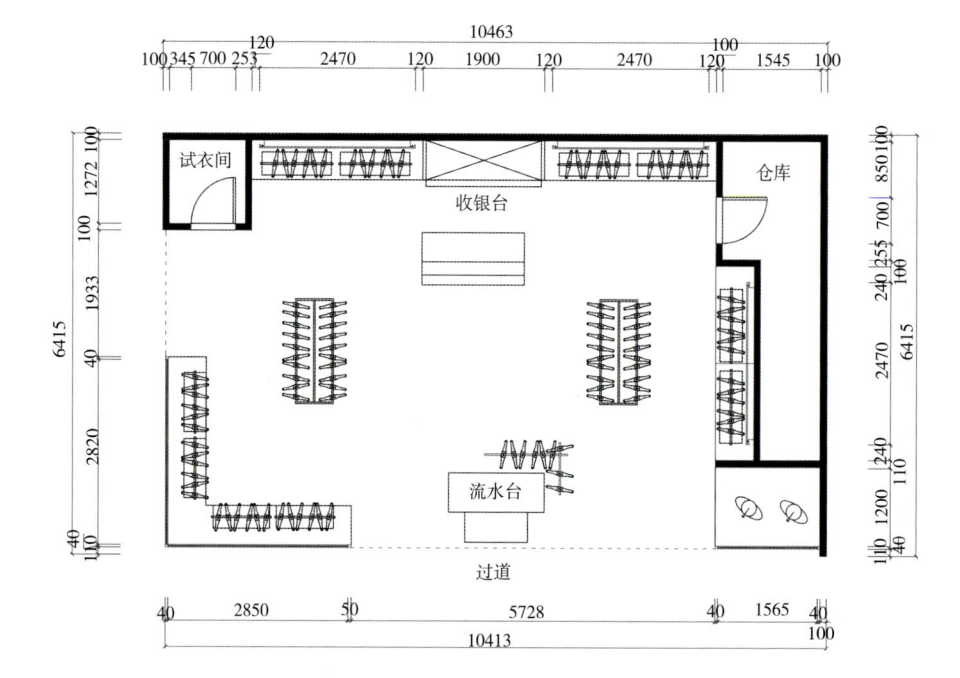

图2-2-17 店铺室内设计图

| 知识测试 |

### 单选题

1. ( ) 型是指按照品牌产品结构、顾客使用目的不同来对商品进行分类。
   A. 产品线　　　　　B. 季节　　　　　C. 性别　　　　　D. 年龄

2. 服装商品配置会根据顾客的性别进行划分，再按（　　）层次进行明确的分类。
   A. 产品线　　　　　B. 性别　　　　　C. 季节　　　　　D. 年龄

3. ( ) 型是指顾客不同生活场合所需服装商品的类型，也可以是指顾客的不同生活方式类别。
   A. 生活场合　　　　B. 季节　　　　　C. 产品线　　　　D. 主题系列

### 多选题

1. 主题系列型卖场商品平面设计与规划的优点是（　　）。
   A. 产品关联性强　　B. 色彩规划合理　　C. 商品系列完整　　D. 商品的连带销售高

2. 服装商品配置会根据顾客的性别进行划分，再按年龄层次进行明确的分类，可以分为（　　）。
   A. 男装　　　　　　B. 女装　　　　　　C. 男童装　　　　　D. 女童装

3. 季节型卖场商品可以分为（　　）。
   A. 春装、夏装、秋装、冬装
   B. 春夏装、秋冬装
   C. 男装、女装

### 判断题

1. 季节型卖场商品平面设计与规划要考虑多个季节商品共同陈列的规划。（　　）
2. 性别、年龄型商品配置对品牌的要求是产品线完整，对店铺空间的要求是面积较大。（　　）
3. 生活场合型卖场的商品品类齐全，组合搭配性强。（　　）

# 项目三 服装店铺形态陈列

## 任务 1 店铺陈列基本形态设计

**| 任务描述 |**

某服装品牌店铺进行陈列出样调整，需要对陈列柜（架）进行基本形态出样实践操作，请根据品牌和店铺要求完成卖场陈列基本形态设计。

**| 知识目标 |**

熟悉卖场常见陈列形态叠装、侧挂、正挂、人模、装饰品陈列的出样特点及陈列规范。

**| 技能目标 |**

能根据品牌的陈列标准，进行叠装、侧挂、正挂、人模、装饰品陈列的出样，促使卖场达到陈列标准统一的品牌陈列形象。

**| 素质目标 |**

树立创新创业意识，养成尊重宽容、团结协作和平等互助的合作意识，形成良好的职业道德和职业素养。

| 知识学习 |

形态指事物存在的样貌，或在一定条件下的表现形式。形态是可以把握的，是可以感知的，或者是可以理解的。卖场陈列基本形态是指服装及服饰在卖场中呈现的挂、叠、摆等造型方式（图3-1-1）。

图3-1-1 卖场陈列基本形态

卖场陈列基本形态设计时，根据服装品牌定位及风格的不同，采用不同的卖场陈列形态，主要有正挂陈列、侧挂陈列、叠装陈列、人模陈列、配饰陈列。

## 一、卖场陈列基本形态设计的原则

### （一）商业性

卖场陈列最终目的是促进销售，所以陈列基本形态设计首先要考虑卖场的商业性。不同的卖场针对不同的消费群体，要充分考虑顾客购物时的购物状态，采用的陈列基本形态方式也会有不同的要求。

### （二）观赏性

强调观赏性就是展示服装的美感，引起顾客的购买欲望。人们购买服装是物质消费行为，但里面包含着美学文化消费内容。人们不但购买了实用价值，也购买了审美价值。

### （三）序列感

序列感是指强调卖场基本形态的陈列秩序和排列，有条理、有组织地安排各种陈列形态，从而达到易观看、易选择、易购买的卖场陈列效果。

### （四）整体性

店铺陈列是空间陈列、形态陈列、色彩陈列、橱窗陈列等要素组成一个陈列整体，任何一种陈列形态设计都是其中的一个组成要素，出样方式、陈列面积、展示效果都要从整体陈列规划角度进行考虑。

## 二、卖场陈列基本形态设计

### （一）正挂陈列设计

正挂陈列是服装品牌终端店铺常见的一种陈列形式。正挂陈列由于是正面朝向顾客展示，其展示效果较好。在店铺各种陈列方式中，展示效果仅次于模特陈列，正挂陈列在视觉营销体系中属于PP点（重点陈列），主要目的是供顾客观看与选择（图3-1-2）。

图3-1-2 正挂陈列

**正挂陈列的特点**

（1）展示服装的款式细节。由于展示面积大，可以最大程度展示服装正面的款式细节，吸引顾客购买。

（2）展示搭配效果。在正挂陈列中，可以进行上下装及饰品的组合搭配。

（3）体现区域色彩。在一组陈列柜中，正挂陈列是重点陈列，其色彩决定了整体陈列柜的色彩。

**正挂陈列的形态设计**

（1）确认陈列柜（架）中的正挂陈列出样位置及数量。

（2）选择正挂陈列出样的服装款式，服装款式选择可以依据陈列指引，一般选择主推款、畅销款、高价值款、尺码齐全或者色彩鲜艳的款式。

（3）正挂陈列出样的服装拆去外包装，熨烫并整理得整齐、干净。

（4）服装用衣、裤架挂好，衣、裤架款式统一。套头款式服装在使用衣架时，衣架需要从底部挂入。正挂服装的衣架方向必须保持衣钩开口方向朝左，呈问号状。

（5）整理服装，对服装衣领、拉链、扣子、腰带等细节进行整理，吊牌不外露。

（6）整套出样的正挂陈列分为单套正挂陈列、多套正挂陈列（图3-1-3）。单套正挂陈列是指一套完整的上下装搭配，陈列时要处理好套装搭配细节。多套正挂陈列是指多套上下装搭配，陈列时可以进行外套、内搭、长款、短款、裙子、裤子之间的不同搭配。

（7）单件出样的正挂陈列，可以选择M码或是销售量最多的尺码。多件出样的正挂陈列，应用3件或6件进行出样，同款同色尺码由外至内从大到小排列（图3-1-4）。

（8）上下、前后、左右并行的两排正挂陈列，可以进行上衣下裤、前衣后裤、左衣右裤的正挂陈列设计。

■ 多套正挂陈列：
1. 上装+短裙
2. 单品裤子
3. 单品上装
4. 上装+长裤
5. 外套+内搭+长裙
6. 上装+7分裤

图3-1-3 整套出样的正挂陈列

1. 尺码由外至内从大到小排列
2. 上装加下装组合、前衣后裤

图3-1-4 多件出样的正挂陈列

## （二）侧挂陈列设计

侧挂陈列就是将服装以侧面形式挂在陈列架（柜）上的一种陈列形式。侧挂陈列在视觉营销体系中属于 IP 点（单品陈列）的范畴，主要起到顾客选择及购买的作用（图 3-1-5）。

图 3-1-5 侧挂陈列

**侧挂陈列特点**

（1）存储货物。由于是服装侧面形式的展示，服装占用的空间面积较少，陈列架（柜）的利用率较高。

（2）体现组合搭配。在陈列过程中，经常会运用上装、下装、配饰的间隔陈列，组合搭配方便类比，连带陈列促进销售。

（3）构造陈列色区。在以侧挂陈列为主要陈列形态的女装店铺中，由于数量多、间隔较小，容易产生陈列色区。

**侧挂陈列的形态设计**

（1）确认陈列柜（架）中的侧挂陈列出样位置及数量。

（2）选择侧挂陈列出样的服装款式，服装款式选择可以依据陈列指引，一般根据就近陈列的模特、正挂出样服装进行选择，可以是同系列、同风格的上装，也可以是进行搭配的下装和配饰。

（3）侧挂陈列出样的服装拆去外包装，熨烫并整理得整齐、干净。

（4）服装用衣、裤架挂好，衣、裤架款式统一。

（5）整理服装，对服装衣领、拉链、扣子、腰带等细节进行整理，吊牌不外露。

（6）将选择并整理好的上装依次单件上架，然后是下装及配饰。根据品牌店铺陈列出样规范，补齐上下装的陈列数量，挂钩一律朝里。

（7）对上架的服装进行衣架裤架间隔排列，尺码规范上从左到右由小码至大码（图3-1-6）。

（8）侧挂陈列间距上，可以根据出样数量进行等距排列，既要避免太空也要避免太紧。

（9）根据侧挂出样的展示效果，将服装正面、衣架LOGO朝向客流方向。

**图3-1-6 侧挂陈列的衣裤架组合**

# DISPLAY

### （三）叠装陈列设计

叠装陈列就是服装以折叠方式进行陈列的方式，是店铺中常见的陈列形态之一。叠装陈列在视觉营销中属于IP（单品陈列），主要起购买商品的作用（图3-1-7）。

图3-1-7 叠装陈列

叠装陈列的特点
（1）储藏货物。
（2）展示局部特色。
（3）体现色彩搭配。

叠装陈列的形态设计

（1）确认陈列柜（架）、陈列桌、流水台中的叠装陈列出样位置及数量。

（2）选择叠装陈列出样的服装款式，服装款式选择可以依据陈列指引，一般根据就近陈列的模特、正挂、侧挂出样服装进行选择。

（3）叠装陈列出样的服装拆去外包装，熨烫并整理得整齐、干净。

（4）每叠服装折叠尺寸要相同，如每叠服装如尺码不同，尺码排列从上至下、从小到大。吊牌不外露。

（5）如服装上有图案，应尽量将图案和花色展示出来，同时上下要对齐（图3-1-8）。

（6）叠装的高度一致，叠装之间的距离通常不要少于一个拳头。层板上的叠装，每叠的上方一般至少要留有1/3的空间。

图3-1-8 叠装陈列的图案对齐

### （四）人模陈列设计

人模陈列是以道具模特展示进行陈列的方式。人模由于其展示面积大、三维呈现效果好，是服装品牌终端店铺重要的一种陈列形式（图3-1-9）。

图3-1-9 人模陈列

**人模陈列的特点**
（1）展示品牌形象。
（2）展示搭配效果。
（3）吸引顾客入店。

人模陈列的形态设计

（1）根据店铺陈列空间确认模特出样的位置及数量。

（2）选择人模陈列出样的服装款式可以依据陈列指引，一般选择主推款、畅销款、高价值款、尺码齐全或者色彩鲜艳的款式（图3-1-10）。

（3）人模陈列出样的服装拆去外包装，熨烫并整理得整齐、干净。

（4）确认人模陈列的模特道具，模特色彩与风格应统一，将模特卫生整理干净。

（5）模特拆卸顺序通常为手、上身、下肢。

（6）模特着装（裤装）。将模特下肢倒置，将裤子套入模特腿部。穿好裤装后，抓住腿部倒置模特。扶稳并安装到托盘，并固定好螺丝。组装好模特的上身部分，并系好拉链与裤扣。

（7）模特着装（上装）。将服装从上部穿入，并整理好服装。领口处穿入上肢与手部，并卡好接口。调整上装，检查着装效果。

（8）调整模特摆放位置及朝向，检查模特整体展示效果。

图3-1-10 人模陈列之服装款式选择

## （五）配饰陈列设计

配饰陈列是指帽子、围巾、腰带、手套、袜子、鞋子、包、香水、化妆品等物品的陈列，是服装卖场陈列形态出样的重要组成部分（图3-1-11）。

图3-1-11 配饰陈列

### 配饰陈列的特点

（1）体积小、款式多、花色多。

（2）陈列时要强调其整体、序列感。

（3）陈列时可以和服装进行组合陈列，也可以单独陈列，单独陈列时要积点成面，防止其琐碎。

**配饰陈列的形态设计**

（1）根据店铺陈列空间、陈列道具确认配饰出样的位置及数量。可单独在收银台、更衣室、休息区等区域附近开辟饰品区进行展示，以方便顾客连带购买。

（2）配饰拆去外包装，丝巾、领带等配饰应熨烫并整理得整齐、干净。

（3）根据配饰的体积与特性，可以进行重复陈列、三角陈列、放射状陈列。

（4）包内应放上填充物，包带放在背面不外露，包的吊牌不外露并放置于包内。

（5）领带陈列通常采用挂墙、挂通、挂点、转盘等方式陈列出样，保持陈列出样数量丰满。

（6）丝巾陈列通常运用挂式陈列、叠式陈列、人模搭配陈列。挂式陈列时可以设计一定的造型并使用重复陈列。叠式陈列可使用三角叠、大旋叠、小旋叠等出样方式（图3-1-12）。

三角叠 　　　　　　大旋叠 　　　　　　小旋叠

图3-1-12 丝巾陈列之三角叠、大旋叠、小旋叠

| 课程实训 |

根据店铺板墙陈列图（图3-1-13）进行卖场陈列基本形态设计实践操作。

图3-1-13 店铺板墙陈列图

## 知识测试

### 单选题

1.（　　）指事物存在的样貌，或在一定条件下的表现形式。
  A. 正挂　　　　　　B. 侧挂　　　　　　C. 形态　　　　　　D. 配饰

2. 上下、前后、左右并行的两排正挂陈列，可以进行（　　）的正挂陈列设计。
  A. 上衣下裤　　　　B. 前衣后裤　　　　C. 左衣右裤　　　　D. 以上都是

3. 根据侧挂出样的展示效果，将服装正面、衣架LOGO朝向（　　）方向
  A. 左　　　　　　　B. 右　　　　　　　C. 客流　　　　　　D. 里

4. 层板上的叠装，每叠的上方一般至少要留有（　　）的空间。
  A. 1/3　　　　　　 B. 1/2　　　　　　 C. 10cm　　　　　　D. 一个拳头

### 多选题

1. 卖场陈列形态主要有（　　）。
  A. 正挂陈列　　　　　　　　　　　　B. 侧挂陈列
  C. 人模陈列　　　　　　　　　　　　D. 叠装陈列和配饰陈列

2. 配饰陈列是指（　　）等物品的陈列，是服装卖场陈列形态出样的重要组成部分。
  A. 帽子、围巾　　　B. 腰带、手套　　　C. 袜子、鞋子　　　D. 包、香水、化妆品

3. 选择正挂陈列出样的服装款式，服装款式选择可以依据陈列指引，一般选择（　　）款式。
  A. 主推款　　　　　　　　　　　　　B. 畅销款
  C. 高价值款　　　　　　　　　　　　D. 尺码齐全或者色彩鲜艳

4. 叠装陈列的特点（　　）。
  A. 储藏货物　　　　B. 展示局部特色　　C. 体现色彩搭配　　D. 展示搭配效果

### 判断题

1. 叠装陈列出样的服装可以不拆去外包装。（　　）

2. 配饰陈列有体积小、款式多、花色多的特点。（　　）

3. 侧挂陈列形态设计，服装用衣、裤架挂好，衣、裤架款式可以不统一。（　　）

4. 正挂服装的衣架方向必须保持衣钩开口方向朝里。（　　）

5. 叠装的高度一致，叠装之间的距离通常不要少于一个拳头。（　　）

# 任务 2 店铺陈列组合形态设计

| 任务导入 |

某服装品牌店铺因新品上市、店铺调整需要对陈列柜（架）进行组合形态出样实践操作，请根据品牌和店铺要求完成卖场陈列组合形态设计。

| 知识目标 |

熟悉陈列组合方式中对称法、均衡法、重复法的操作原理。

| 技能目标 |

能根据卖场的服装货品情况，进行对称法、均衡法、重复法的陈列组合方式设计，使卖场陈列设计符合商业的排列规则。

| 素质目标 |

树立创新创业意识，养成尊重宽容、团结协作和平等互助的合作意识，形成良好的职业道德和职业素养。

| 知识学习 |

店铺陈列组合形态设计是指在某一陈列柜（架）或陈列面中，运用形式美法则，对模特、正挂、侧挂、叠装、配饰等陈列形态进行组合设计，从而达到促进销售的目的（图3-2-1）。

图 3-2-1 店铺陈列组合形态设计图

## 一、形式美法则在陈列组合形态设计中的应用

形式美法则是人类在创造美的形式的过程中对美的形式规律的经验总结和抽象概括。服装陈列组合形态设计中的形式美法则，主要包括对比与和谐、对称与均衡、节奏与韵律。在陈列组合形态设计中运用形式美法则，要掌握不同服装陈列形态的特定表现形式和审美意义，明确服装销售的形式效果，根据陈列柜（架）的空间、位置、灯光等因素选择适用的形式美法则，从而构成符合销售需要的陈列形式美。

### （一）对比与和谐

对比就是使一些可比成分的对立特征更加明显、更加强烈，和谐就是使各个部分或因素之间相互协调。在服装陈列组合形态设计中，对比可以是陈列形态中正挂与侧挂、侧挂与叠装之间的对比，也可以是服装面料、长短、颜色之间的对比。和谐是指陈列面中要体现差异中趋于一致，注重整体的统一性。

### （二）对称与均衡

对称是同形同量的形态，均衡是同量不同形的形态。在服装店铺陈列中，对称的构成能表达秩序、安静和稳定、庄重与威严等心理感觉。均衡则是形式诸要素之间保持视觉效果上的平衡关系。

### （三）节奏与韵律

节奏是指有规律的变化和重复，韵律是在节奏的基础上赋予一定的情感色彩。在陈列组合形态设计中，节奏指正挂、侧挂、叠装等元素的有条理的反复、交替或排列，使人在视觉上感受到动态的连续性。

## 二、店铺陈列组合形态设计

目前服装卖场中常用的陈列组合形态方式有对称法、重复法、均衡法三种。

### （一）对称法

在店铺陈列组合形态设计中，对称法是以一个中心为对称点，两边采用相同的组合方式，给人的是稳重、和谐的感觉（图3-2-2）。这种陈列形式的特征是

图3-2-2 陈列组合形态设计之对称法

具有很强的稳定性。给人一种有规律、有秩序、安定、完整、平和的美感。

对称法在店铺陈列形态组合设计中被大量应用,特别是在男正装品牌店铺中,对称法适合运用于单个陈列面或连续的陈列面中(图3-2-3)。对称法由于稳定性强,也常被运用于饰品的陈列中。

### (二)重复法

重复法是指服装或饰品在一组陈列面或一个货柜中,采用两种以上的陈列形式进行多次交替循环的陈列手法(图3-2-4)。

这种陈列形式的特征是利用多次的交替循环来产生节奏,让我们联想到音乐节拍的高低、强弱、和谐、优美,因此卖场中的重复陈列常常给人一种愉悦的韵律感。重复法在服装卖场中应用较为广泛,适用于不同类型的服装店铺(图3-2-5)。

图3-2-3 对称法在店铺陈列中的运用

图3-2-4 陈列组合形态设计之重复法

图3-2-5 重复法在店铺陈列中的运用

## （三）均衡法

均衡法打破了对称的格局，通过对服装、饰品的陈列方式、位置的精心摆放，来重新获得一种新的平衡（图3-2-6）。

这种陈列形式的特征是：均衡法既避免了对称法过于平和、宁静的感觉，同时也在秩序中重新营造出一份动感。均衡法在服装卖场中应用也较为广泛，常用于运动、时尚、休闲等类型品牌（图3-2-7）。

图3-2-6 陈列组合形态设计之均衡法

图3-2-7 均衡法在店铺陈列中的运用

# DISPLAY

## 三、店铺陈列组合摆放设计

在店铺进行陈列设计时，配饰及陈列道具是重要的组成部分。由于其形状、大小各异，在进行陈列组合摆放设计时，常采用重复构成、三角构成、放射线构成的设计手法。

### （一）重复构成

重复构成是通过商品的规律性重复出现形成的，其优势是整齐度高，规律性强。重复构成常运用于体积较小的服装配饰，如领带、包、帽子、鞋、丝巾、皮带等，通过数量增加、摆放重复，积点成面，增加陈列展示的视觉效果（图3-2-8）。

### （二）三角构成

当陈列物品是由三个及以上组成时，可以通过位置上的高低错落来营造三角构成形态，三角构成法视觉稳定性较好，主体突出、空间上有层次感，通常运用于饰品柜、流水台及橱窗陈列中（图3-2-9）。

图 3-2-8 重复构成

图 3-2-9 三角构成

项目三　服装店铺形态陈列

## （三）放射线构成

放射线构成是一种将商品呈向内或向外发射状排列的陈列结构形式（图3-2-10）。这种结构包含了中心和发射线两个基本因素，同时这种陈列摆放手法要注意陈列高度不能太高，应在顾客视平线以下。

图 3-2-10 放射线构成

| 课程实训 |

根据店铺板墙七组柜（图3-2-11），进行卖场陈列组合形态设计实践操作。

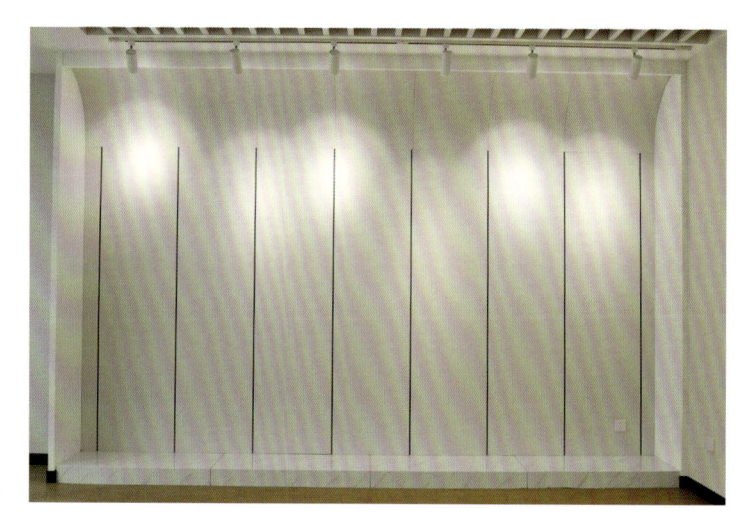

图 3-2-11 店铺板墙七组柜图

| 知识测试 |

### 单选题

1.（　　）是以一个中心为对称点，两边采用相同的组合方式，给人的是稳重、和谐的感觉。
　　A. 对称法　　　　B. 重复法　　　　C. 均衡法　　　　D. 解构法

2.（　　）是指服装或饰品在一组陈列面或一个货柜中，采用两种以上的陈列形式进行多次交替循环的陈列手法。
　　A. 对称法　　　　B. 重复法　　　　C. 均衡法　　　　D. 解构法

3.（　　）打破了对称的格局，通过对服装、饰品的陈列方式、位置的精心摆放，来重新获得一种新的平衡。
　　A. 对称法　　　　B. 重复法　　　　C. 均衡法　　　　D. 解构法

### 多选题

1. 店铺陈列组合形态设计是指在某一陈列柜（架）或陈列面中，运用形式美法则，对（　　）等陈列形态进行组合设计，从而达到促进销售的目的。
　　A. 正挂　　　　　B. 侧挂　　　　　C. 人模　　　　　D. 叠装、配饰

2. 服装陈列组合形态设计中的形式美法则，主要包括（　　）。
　　A. 对比与和谐　　B. 对称与均衡　　C. 节奏与韵律　　D. 远近与轻重

3. 目前服装卖场中常用的陈列组合形态方式有（　　）。
　　A. 对称法　　　　B. 重复法　　　　C. 均衡法　　　　D. 解构法

### 判断题

1. 对比就是使一些可比成分的对立特征更加明显，更加强烈，和谐就是使各个部分或因素之间相互协调。（　　）

2. 节奏是指有规律的变化和重复，韵律是在节奏的基础上赋予一定的情感色彩。（　　）

3. 重复构成常运用于体积较大的服装配饰，通过数量增加、摆放重复，积点成面，增加陈列展示的视觉效果。（　　）

4. 放射线构成是一种将商品呈向内或向外发射状排列的陈列结构形式。（　　）

# 项目四　服装店铺色彩陈列

## 任务 1　店铺陈列色彩搭配设计

**| 任务描述 |**

某女装品牌店铺要进行色彩陈列搭配设计操作,请根据品牌和店铺要求完成卖场陈列色彩搭配设计。

**| 知识目标 |**

了解陈列色彩中对比色、类似色、中性色的基本原理和特点。

**| 技能目标 |**

能根据服装流行趋势和卖场的货品情况,进行对比色、类似色、中性色搭配陈列,为卖场创造良好的陈列氛围。

**| 素质目标 |**

培养学生的家国情怀,弘扬中华美育精神,培养工匠精神、责任意识。

| 知识学习 |

色彩是感知事物的第一要素，是顾客认知品牌，识别服装、服饰的首要条件。顾客在观看店铺商品时，首先是被色彩所吸引，然后才是款式、面料和价格。优秀的色彩陈列可以弥补店铺空间陈列中面积较小、采光较差、位置缺陷等不良因素。

## 一、店铺陈列的色彩原理

色彩可以分为有彩色和无彩色。绝对的白色与绝对的黑色，及中间所包含的N个按照黑白不同比例混合出的灰色系列，统称为无彩色或中性色。有彩色是除无彩色之外的所有颜色，将不同有彩色按顺序排列，就可以得到色相环（图4-1-1）。

24色色相环

图4-1-1 色相环

### （一）色彩的分类

在自然界中，色彩变化是丰富多彩的，人们在认知事物的过程中，逐步认识到颜色之间的相互关系，根据色彩的特点和性质，总结出色彩的变化规律，并把颜色概括为原色、间色、复色三大类。

#### 原色

1676年，艾萨克·牛顿用三棱镜分离出了太阳光的色彩光谱，即红、橙、黄、绿、青、蓝、紫的连续色带，从而证明了色彩的客观存在。物理学家大卫·鲁伯特发现染料只有三种最基本的颜色，即我们通常说的三原色：红、黄、蓝。原色，又称第一色，或称为基色，是指不能通过其他颜色的混合调配而得出的"基本色"。从理论上来说，除了三原色本身，颜料中的所有颜色都可以由这三种基本颜色调配而成。

#### 间色

两种原色相混合后产生的色彩称为间色，又称二次色。红、黄两色相混合得到橙色，黄、蓝两色相混合得到绿色，蓝、红两色相混合得到紫色。根据原色混合的比例不同还会产生多种间色。

#### 复色

任何两种间色（或一个原色与一个间色）混合调出的颜色称复色，亦称再间色或第三次色。

### （二）色彩三要素

任何一个色彩都应同时具有色相、明度、纯度这三种属性，三种属性的综合变化带来了丰富的色彩世界。

#### 色相

色相是色彩所呈现的相貌，是由可见光的波长所决定的。不同的波长产生了红、橙、黄、绿、青、蓝、紫等颜色，在这七个基本颜色之间存在着无数微妙的过渡色。

#### 明度

明度也称亮度，指色彩的明暗程度。白色的明度最高，黑色的明度最低。

#### 纯度

纯度是指色彩的饱和鲜艳度，也称饱和度、彩度。黑、白、灰无彩色，其纯度等于零。

### （三）色彩心理

在服装店铺中，色彩的客观存在，离不开消费者对它的感觉。色彩的感受有着许多客观的因素，也存在主观因素，并且是因人而异的。不同地区、民族、文化背景的人对色彩的心理感受也可能各有不同。

#### 冷暖感

暖色通常指红、橙、黄一类颜色。冷色是指蓝、青、绿一类颜色。所谓冷暖，是由于人们在生活中，红、橙、黄一类颜色使人联想起火、灯光、阳光等事物，给人以热烈、欢快、温暖、奔放的感觉。蓝、青、绿一类颜色则使人联想到海洋、蓝天、冰雪等事物，给人以清冷、宁静、凉爽的感觉。

空间感

色彩的空间感是指颜色在视觉上产生的深浅、距离和位置的感受。由于色彩明度、纯度的不同，可以给人营造出前进、后退的空间感。明度高的色彩给人以突出、前进、膨胀的空间感，明度低的色彩给人以凹进、后退、收缩的空间感。

轻重感

色彩的轻重感是指颜色在视觉上产生的轻重程度或者强弱对比度。通常来说，明亮、鲜艳的颜色会给人一种轻盈、活泼的感觉，而深沉、暗淡的颜色则带有厚重、庄重的感觉。在同样体积情况下，明度高的色彩给人感觉较轻，有膨胀感，明度低的色彩给人感觉较重，有收缩感。

（四）色彩对比

在店铺陈列实际的运用过程中，根据色彩环上的相邻位置不同，我们一般把色彩分成两大类：类似色和对比色。也就是将色环中排列在60度之内的色彩统称为类似色，把呈120度至180度的色彩统称为对比色。

（五）中国传统色彩

"颜色"在中国古代最早不是指色彩，而是容貌面色的意思，唐朝才开始用"颜色"作为自然界色彩的统称。中国传统色彩来自天地万物，注重色彩的意象，中国配色是以正色、间色（杂色）来区分的。

正色是指原色，分别是对应黑、赤、青、白、黄，称为五色体系（图4-1-2）。青是指含绿色成分的蓝色，赤相当于现代色相中的大红，黄在色相上接近现代的橙黄。正色混合可以得到间色，红、绿、紫、碧、骝黄五种颜色则为间色。

白　青　黑　赤　黄

图4-1-2　五色体系

## 二、店铺陈列的色彩特点

### （一）多样性

任何一个服装品牌都拥有属于自己品牌的专属消费人群，即使在一个固定的顾客群体中，每个人的审美也存在着一定的差异性。为了满足不同消费者的个性化需求，除个别小众品牌或手工品牌外，基本上每个品牌方都会在每个季度中推出3~4个风格不同的系列，这些系列的色彩和款式都存在着一定的差异。这样，会出现多个色系存在于同一家卖场中的情况。

店铺陈列色彩的多样性，充分考验陈列师对于店铺整体色彩布局的控制与调配能力。店铺色彩搭配时，整体效果要呈现出一致感。不仅要考虑单套服装、单个货架的色彩搭配效果，同时还要为整个卖场中不同风格系列的服装之间的色彩搭配考虑，做到整体性和协调性。

### （二）变化性

服装是季节性非常强的商品，受到季节、产品类型、促销活动、品牌形象等因素影响而变化。不同季节有不同的色彩特点，春季多采用明亮的色调，夏季偏向鲜艳和清爽的颜色，秋季以自然的棕色、橙色和红色为主，冬季常常运用深色系。针对不同的促销活动，店铺陈列需要不同的色彩搭配，比如情人节多使用红色和粉色系，圣诞节则偏向于绿色和红色等。店铺陈列中的色彩也需要与品牌形象相匹配，传达出品牌的风格和氛围，比如某些时尚品牌多使用黑白灰配色等。

### （三）流行性

店铺陈列色彩的流行性是随着时间和潮流的变化而变化的。在不同的时期，人们对于颜色的喜好和使用也会有所不同，从而影响到店铺陈列色彩的趋势。店铺陈列需要考虑到品牌形象、产品属性、店铺氛围等多个方面，并通过巧妙的色彩组合来传达品牌理念和吸引消费者的注意力。因此，店铺陈列色彩流行性对于商家来说非常重要，能够帮助他们更好地把握市场和消费者的心理需求，提高品牌知名度和销售额。

## 三、店铺陈列的色彩搭配

### （一）对比色搭配

对比色搭配是指在色环中两个相隔较远的颜色搭配（图4-1-3），如：黄色与紫色搭配，红色与绿色搭配。这种配色比较强烈，视觉冲击力强。运动服装和休闲装的卖场中对比色搭配使用范围比较广泛。对比色搭配在店铺陈列运用时，可以是上下装的对比色搭配。服装与配饰的对比色搭配，在橱窗陈列中还可以是服装与背景的对比色搭配。

图 4-1-3 对比色搭配

### （二）类似色搭配

类似色搭配是指两个比较接近的颜色搭配（图4-1-4），如：红色与橙红搭配，黄色与绿色搭配。类似色搭配产生一种柔和、宁静的感觉，是卖场中使用最多的一种搭配方式，也是高档女装、男装常用的搭配方式。

图 4-1-4 类似色搭配

## （三）中性色搭配

中性色搭配是指黑、白、灰三者之间的颜色搭配（图4-1-5），如：黑与白搭配、白与灰搭配。中性色搭配会有一种沉稳、大方的感觉，是男装卖场中最主要的色彩搭配方式。中性色搭配具有协调两种冲突色彩的功能，可以分为中性色与中性色搭配、中性色与有彩色搭配。

图 4-1-5 中性色搭配

| 课程实训 |

根据店铺板墙形态陈列图A（图4-1-6），进行店铺陈列色彩搭配设计实践操作。要求服装色系协调，运用对比色搭配，整体之间色彩有呼应。

图 4-1-6 店铺板墙形态陈列图 A

| 知识测试 |

### 单选题

1. ( ) 是感知事物的第一要素，是顾客认知品牌，识别服装、服饰的首要条件。
   A. 款式　　　　　　B. 面料　　　　　　C. 色彩　　　　　　D. 价格

2. ( ) 称第一色，或称为基色，是指不能通过其他颜色的混合调配而得出的"基本色"。
   A. 原色　　　　　　B. 间色　　　　　　C. 复色　　　　　　D. 对比色

3. 两种原色相混合后产生的色彩称为（　　），又称二次色。
   A. 原色　　　　　　B. 间色　　　　　　C. 复色　　　　　　D. 对比色

4. ( ) 是色彩所呈现的相貌，是由可见光的波长所决定的。
   A. 色相　　　　　　B. 明度　　　　　　C. 纯度　　　　　　D. 间色

### 多选题

1. 我们通常说的三原色是指（　　）。
   A. 红　　　　　　　B. 黄　　　　　　　C. 蓝　　　　　　　D. 紫

2. 任何一个色彩都应同时具有（　　）这三种属性，三种属性的综合变化带来了丰富的色彩世界。
   A. 色相　　　　　　B. 明度　　　　　　C. 纯度　　　　　　D. 间色

3. 店铺陈列的色彩搭配方式主要有（　　）。
   A. 对比色搭配　　　B. 类似色搭配　　　C. 中性色搭配　　　D. 款式搭配

### 判断题

1. 绝对的白色与绝对的黑色，及中间所包含的N个按照黑白不同比例混合出的灰色系列，统称为有彩色。（　　）

2. 色彩可以分为有彩色和无彩色。（　　）

3. 明度也称亮度，指色彩的明暗程度，白色的明度最低。（　　）

4. 暖色通常指红、橙、黄一类颜色。（　　）

5. 色彩的空间感是指颜色在视觉上产生的深浅、距离和位置的感受。（　　）

## 任务 2 店铺陈列色彩方案设计

**| 任务描述 |**

　　某服装品牌店铺要进行陈列面的色彩陈列方案设计操作，请根据品牌和店铺要求完成卖场陈列色彩方案设计。

**| 知识目标 |**

　　熟悉色彩陈列中渐变法、间隔法、彩虹法的原理及操作要求。

**| 技能目标 |**

　　能根据卖场的货品情况，进行渐变法、间隔法、彩虹法的色彩陈列方案设计，为卖场创造良好的陈列氛围。

**| 素质目标 |**

　　培养学生的家国情怀，弘扬中华美育精神，培养工匠精神、责任意识。

| 知识学习 |

**一、店铺陈列的色彩设计方法**

在终端店铺进行服装陈列时，常用的色彩设计方法有渐变法、间隔法、彩虹法（图4-2-1）。

渐变法

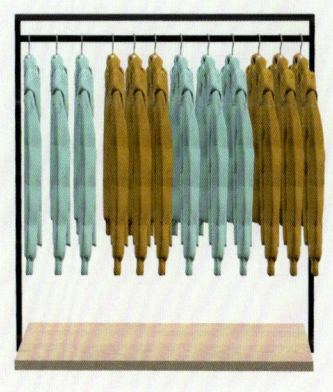

间隔法

彩虹法

图4-2-1 渐变法、间隔法、彩虹法

### （一）渐变法

将色彩按明度深浅的不同依次进行排列，色彩的变化按梯度递进，给人一种宁静、和谐的美感。这种排列法经常在侧挂、叠装陈列中使用（图4-2-2）。

渐变法在终端店铺实际操作过程中要注意是以明度高低进行排列的，还要强调排列的梯度规律，在用色上不要少于3种颜色。渐变法在店铺陈列过程中要注意上浅下深、前浅后深、左浅右深的视觉规律（图4-2-3）。

图 4-2-2 渐变法陈列

上浅下深　　　　　前浅后深　　　　　左浅右深

图 4-2-3 渐变法之上浅下深、前浅后深、左浅右深

图 4-2-4 间隔法陈列（色彩间隔） 　　　　　图 4-2-5 间隔法陈列（形态间隔）

## （二）间隔法

所谓间隔法就是通过两种以上的色彩间隔和重复产生一种韵律和节奏感，使卖场中充满变化，使人感到兴奋。在终端店铺中，由于间隔法对服装色彩数量要求只需两种以上，所以其在应用上较为广泛。

间隔法包括色彩间隔和形态间隔。色彩间隔是通过服装色彩进行间隔，从而产生一种节奏感（图4-2-4）。形态间隔是通过裤架与衣架进行间隔，形成搭配陈列（图4-2-5）。

间隔法在侧挂陈列过程中，通过对排列形式进行组合设计产生其特有的形式美感，常见的有重复式间隔和对称式间隔（图4-2-6、图4-2-7）。

间隔法在叠装陈列过程中，通过对排列方式的上下、左右、交叉等不同形态的组合，也能产生不同视觉美感（图4-2-8）。在实际操作过程中，也要注意其色彩明度所产生的轻重感，保持整体的视觉平衡。

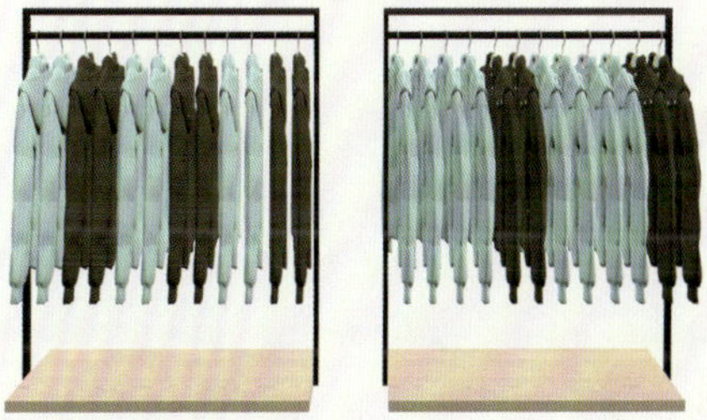

图 4-2-6 重复式间隔

图 4-2-7 对称式间隔

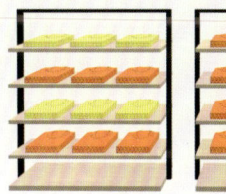

图 4-2-8 间隔法在叠装陈列中的运用

项目四　服装店铺色彩陈列

## （三）彩虹法

所谓彩虹法就是将服装按色环上的红、橙、黄、绿、青、蓝、紫的排序排列，像雨后彩虹一样，给人一种非常柔和、亲切、和谐的感觉（图4-2-9）。彩虹法主要是用于一些色彩比较丰富的服装品牌卖场陈列。

图 4-2-9 彩虹法陈列

## 二、店铺陈列的色彩规划

### （一）店铺陈列色彩规划的意义

**色彩规划可以提升品牌形象**

每个服装品牌都有其独特的品牌形象和定位，而色彩是表达这些元素的一个重要方式。通过正确的色彩规划，服装卖场可以突出自己的品牌特点，吸引目标人群并建立品牌忠诚度。

**色彩规划可以增加产品的吸引力**

服装本身已经是一个视觉艺术品，而正确的配色可以使商品更具吸引力。服装卖场可以利用色彩规划来陈列展示终端店的服装商品，吸引顾客的注意力并增加销售额。

**色彩规划可以影响情绪和行为**

不同的颜色可以在潜意识中引起情绪反应，影响顾客的心理体验。因此，正确的色彩规划可以让顾客感到愉悦和放松，从而增加他们在店内逗留时间和购物意愿。

**色彩规划可以提高空间效率和布局**

正确的色彩规划可以帮助服装卖场最大化使用店铺空间和布局。通过选择正确的颜色、适当的灯光和店内装饰，可以让空间看起来更宽敞、明亮，吸引顾客进入商店。

### （二）服装卖场色彩规划的要素

**品牌形象**

服装卖场的色彩规划需要与品牌形象相符合，以达到品牌统一的效果。品牌的文化背景、目标客户、市场定位等都需要考虑进去。

**产品特性**

不同的商品需要不同的色彩搭配，以突出其特点和品质。例如，对于高级时装来说，常采用黑色、白色、灰色等低调的颜色，而运动休闲品牌则偏向鲜艳的色彩。

**空间结构**

服装卖场的大小、布局、照明设备等都会影响色彩的选择。比如在空间较小的区域可以选择亮色调来增加空间感，而在较大的区域则可以适当使用深色调来营造氛围。

**目标顾客**

服装卖场的目标顾客也是制定色彩规划的重要因素，根据顾客群体的性别、年龄、消费能力等因素来制定色彩规划。比如女性倾向于更加柔和的颜色，男性则偏向于沉稳的颜色。

## （三）服装卖场色彩规划的流程

服装卖场色彩规划的流程，通常是确定主题颜色、确定搭配下装、确定配饰搭配、增加容量陈列（图4-2-10）。

**确定主题颜色**

在进行陈列柜色彩规划时，首先要确定主题颜色。确定主题颜色要考虑品牌形象、目标客户群体、季节、流行趋势等因素。选择适合的主题颜色可以提升店铺的视觉效果和吸引力，增加客户购买的欲望。主题颜色可以通过正挂、模特、海报来进行展示，其位置应该在重点陈列区。

**确定搭配下装**

陈列柜色彩规划时，其次要确定搭配下装。陈列柜确定主题颜色后，在选择搭配下装时，可以选择主题颜色的类似色作为下装主色调，以达到整体协调的效果。服装品牌也可以选择对比色、中性色作为下装主色调，以突出主题颜色的视觉效果。

**确定配饰搭配**

在主题颜色、搭配下装规划好后，可以进行配饰搭配规划设计。配饰搭配时考虑整个陈列柜的色彩统一，通过配饰来突出主题颜色服装的特点，以达到和谐的视觉效果。

**增加容量陈列**

最后要进行陈列柜的容量陈列规划。容量陈列规划是指在有限空间内充分利用陈列展示面积，以最大化商品陈列和销售的效果。容量陈列主要通过叠装、侧挂的形态进行陈列展示，其陈列位置通常位于陈列柜下方。

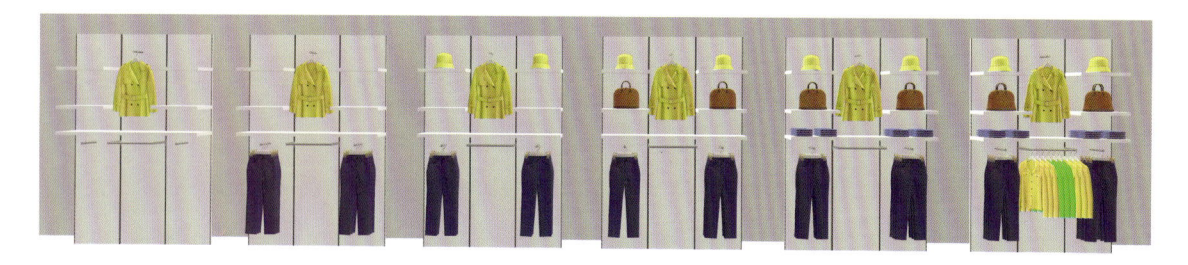

图4-2-10 服装卖场色彩规划流程

| 课程实训 |

根据店铺板墙形态陈列图B（图4-2-11），进行休闲女装店铺陈列色彩方案设计实践操作。要求侧挂采用间隔法排列，叠装符合陈列色彩的组合规律，造型美观，结构符合人体工程学。

图4-2-11 店铺板墙形态陈列图B

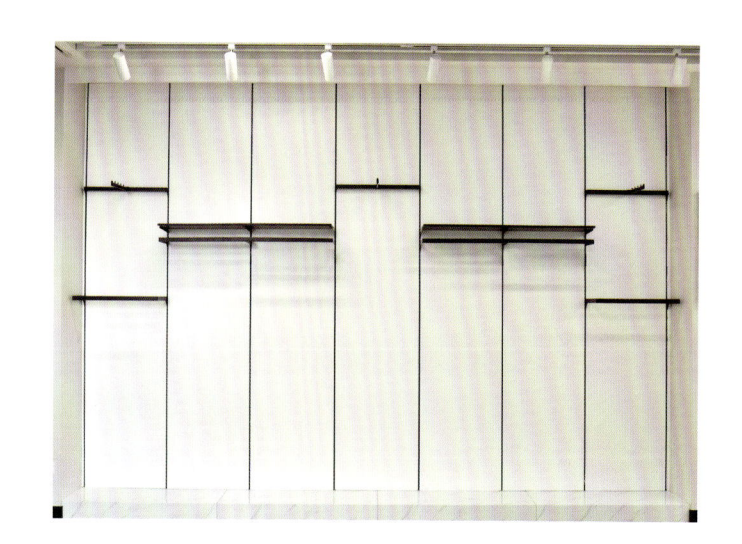

| 知识测试 |

### 单选题

1.（　　）将色彩按明度深浅的不同依次进行排列，色彩的变化按梯度递进，给人一种宁静、和谐的美感。

　　A. 渐变法　　　　　B. 间隔法　　　　　C. 彩虹法　　　　　D. 重复法

2.（　　）是通过两种以上的色彩间隔和重复产生一种韵律和节奏感，使卖场中充满变化，使人感到兴奋。

　　A. 渐变法　　　　　B. 间隔法　　　　　C. 彩虹法　　　　　D. 重复法

3.（　　）是将服装按色环上的红、橙、黄、绿、青、蓝、紫的排序排列。

　　A. 渐变法　　　　　B. 间隔法　　　　　C. 彩虹法　　　　　D. 重复法

4.（　　）是通过裤架与衣架进行间隔，形成搭配陈列。

　　A. 色彩间隔　　　　B. 形态间隔　　　　C. 正挂间隔　　　　D. 侧挂间隔

### 多选题

1. 在终端店铺进行服装陈列时，常用的色彩设计方法有（　　）。

　　A. 渐变法　　　　　B. 间隔法　　　　　C. 彩虹法　　　　　D. 重复法

2. 渐变法在店铺陈列过程中要注意（　　）的视觉规律。

　　A. 上浅下深　　　　B. 左浅右深　　　　C. 前浅后深　　　　D. 上重下轻

3. 间隔法主要包括（　　）。

　　A. 色彩间隔　　　　B. 形态间隔　　　　C. 正挂间隔　　　　D. 侧挂间隔

### 判断题

1. 形态间隔是通过服装色彩进行间隔，从而产生一种节奏感。（　　）

2. 彩虹法主要是用于一些色彩比较丰富的服装品牌卖场陈列。（　　）

3. 间隔法在侧挂陈列过程中，通过对排列形式进行组合设计产生其特有的形式美感，常见的有重复式间隔和对称式间隔。（　　）

项目五 | **服装店铺橱窗陈列**

## 任务 1 店铺橱窗陈列氛围设计

**| 任务描述 |**

某服装品牌店铺要进行橱窗陈列氛围设计,请根据品牌和店铺要求完成橱窗模特的摆位和着装设计。

**| 知识目标 |**

熟悉店铺橱窗陈列的分类及构成要素。

**| 技能目标 |**

能运用人模摆位、着装及道具等要素进行店铺橱窗陈列氛围设计,达到促进销售的目的。

**| 素质目标 |**

引导学生用正确的视角看待中国传统文化,树立文化自信。

| 知识学习 |

橱是指一种收藏、放置东西的家具，前面有门。窗是指房屋通风透气的装置，如窗子、窗户、窗口。《现代汉语词典》对橱窗的解释为商店临街的玻璃窗，用于展示样品。

橱窗是卖场中相对独立的主题性集中展示空间，将品牌商业信息进行精练、强调、美化、集中展示的空间载体。橱窗的作用是吸引顾客、展示商业信息、传递品牌文化。

图5-1-1 橱窗陈列图

## 一、店铺橱窗陈列构成

### （一）店铺橱窗分类

（1）从位置分布上划分：店头橱窗、店内橱窗。

（2）从装修形式上划分：通透式橱窗、半通透式橱窗、封闭式橱窗。

通透式橱窗也称开放式橱窗，是指橱窗没有后方遮挡，直接与卖场的空间相通（图5-1-2）。一般适用于小型专卖店、商场中的小型卖场等。由于视觉通透性强，有利于顾客了解店铺整体商品信息。通透式橱窗通常会在橱窗下方设置地台，通过增加高度强化空间的围合感。

图5-1-2 通透式橱窗

半通透式橱窗是指后背采用半隔绝、半通透形式，所采用的分割材料有背板、玻璃、屏风、宣传画等（图5-1-3）。半通透式橱窗相对于通透式橱窗来说，其空间氛围营造感要更强，通过视觉的半通透感，橱窗陈列与店内环境相融，虚实结合。

图5-1-3 半通透式橱窗

封闭式橱窗是指背后装有壁板与卖场完全隔开，形成单独空间的橱窗（图5-1-4）。适合于大空间的卖场，也适合于表现品牌的艺术特色，大型的百货商场运用较多。

图5-1-4 封闭式橱窗

## （二）店铺橱窗构成要素

橱窗一般在灯光、天花板承重设备（滑轨、横杆、网架）、地台等硬件设施基础上，由人模、服装、背景板、道具等几种元素设计组成。

### 服装

服装陈列的目的是促进销售，橱窗陈列的重点就是展示服装，服装是橱窗最重要的构成要素。橱窗陈列的服装一般选自品牌当季的主打款、主推款，能突出表现品牌的定位与风格并符合流行趋势。

### 人模

人模是表现服装立体展示效果的最佳载体，也是店铺橱窗构成的重要元素。人模的风格、造型、材质、色彩应与品牌定位一致。人模一般可分为仿真人模、雕塑人模、抽象人模、调整式立架等。

### 背景板

橱窗的背景板一般用于橱窗空间的围合，突出橱窗主推商品，强化橱窗氛围的营造。常见的橱窗背景有纯色简洁型、海报平面型、道具三维型。

纯色简洁型橱窗背景常用于快时尚、简约风格服装品牌，优点是制作成本低、突出陈列商品（图5-1-5）。海报平面型橱窗背景通常由POP海报、墙纸、墙布等制作而成，优点是便于更换，营造陈列氛围，突出销售主题（图5-1-6）。道具三维型橱窗背景是将道具制件与橱窗背景相融合，制作成本较高，优点是空间层次感强，视觉冲击力大（图5-1-7）。

### 道具

橱窗陈列道具主要用于场景氛围营造，增加空间层次感，衬托服装商品陈列。常见的橱窗道具材质有KT板、瓦楞纸、PVC板材、ABS板材、亚克力、塑料泡沫、吹塑材料、充气材料、玻璃钢等（图5-1-8）。

图5-1-5 纯色简洁型橱窗背景

图5-1-6 海报平面型橱窗背景

图5-1-7 道具三维型橱窗背景

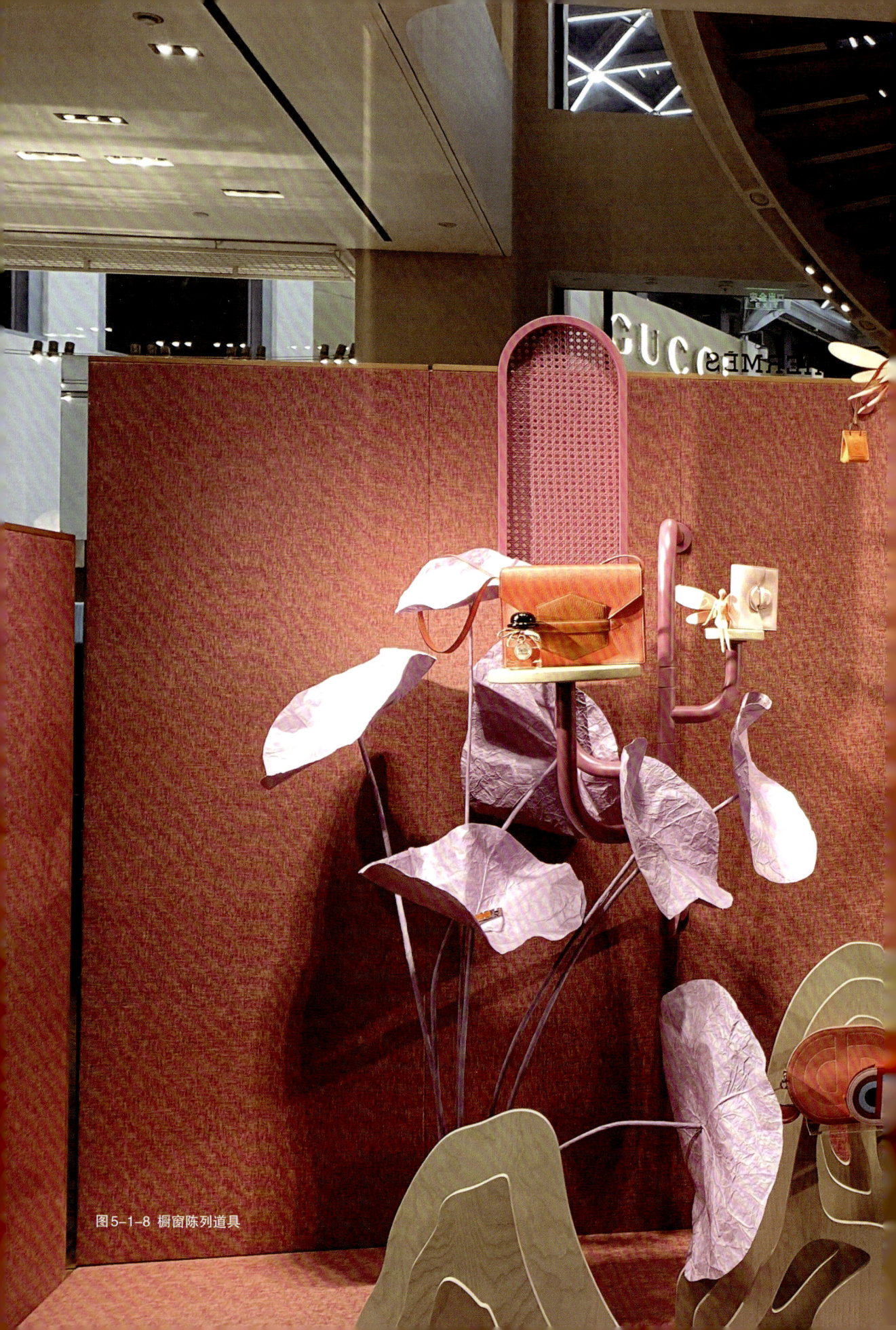

图 5-1-8 橱窗陈列道具

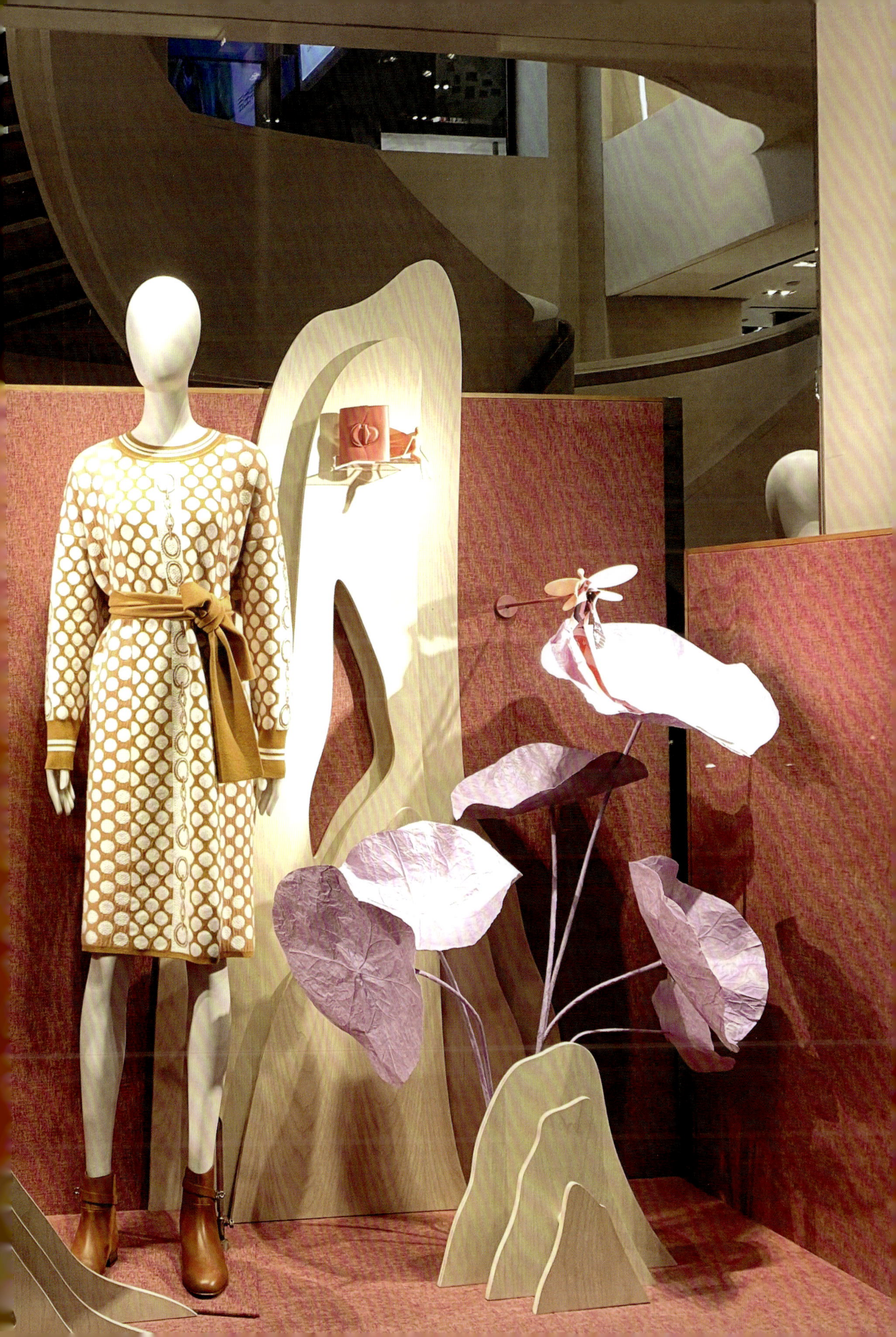

## 二、橱窗氛围营造基本方式

### （一）人模组合设计

橱窗是一个特定的空间围合，模特是橱窗氛围营造的重要元素之一，模特在空间围合中进行横向、前后、高低、朝向等方式的变化，能丰富橱窗的组成形式和视觉效果。

**人模横向位置变化**

人模横向位置变化是指人模在相同的水平线上产生的横向间距变化（图5-1-9）。横向位置相同间距的模特组合，通过人模重复以增加橱窗陈列的记忆点。横向位置不同间距的模特组合，通过视觉上的疏密以提升橱窗陈列的视觉张力。

图5-1-9 人模横向位置变化

**人模前后位置变化**

人模前后位置变化是指人模在橱窗纵深空间前后位置的变化（图5-1-10）。通过人模前后位置变化，可以增加人模陈列的空间层次感。

图5-1-10 人模前后位置变化

## DISPLAY

**人模身体朝向变化**

人模身体朝向变化是指人模在橱窗空间中身体朝向角度的变化（图5-1-11）。根据客流方向设置不同模特的身体朝向，可以突出模特展示的主次，增加橱窗陈列视觉效果。

图5-1-11 人模身体朝向变化

**人模高低位置变化**

人模高低位置变化是指人模在展示高度位置上的变化（图5-1-12）。通常使用地台、桌椅、悬挂等方式增加高低位置变化，营造模特展示的高低错落感。

图5-1-12 人模高低位置变化

## DISPLAY

### （二）人模着装设计

同一组模特着装风格应统一，在模特着装色彩上应注重色彩的呼应。色彩的呼应就是通过几个模特同色系服装或配饰的搭配来将整组模特紧密联系在一起，凸显本季产品故事主题、流行颜色，达到整体颜色的平衡效果（图5-1-13）。在细节处理上，色彩的呼应可以是模特服装上的某个细节元素与另外模特着装颜色的呼应。色彩的呼应一定要学会并善于使用中性色，将中性色穿插搭配在一个或多个颜色之间。

在人模着装变化设计上，色彩的呼应通常使用交叉呼应法。通过多个模特下装颜色的交叉呼应，达到色彩视觉上的平衡，从而突出所陈列的商品。在运用交叉呼应法时，还可以进行长款与短款、外套与内搭、配饰与服装之间的交叉呼应，提高色彩的丰富程度（图5-1-14）。

在人模着装变化设计上，还可以使用重复法。同一模特着装重复陈列，强化记忆，增强视觉冲击力。人模着装重复法，会有略显单调的感觉，部分品牌会通过改变模特姿态、动作来增加顾客的视觉记忆点。

图5-1-13 人模着装之色彩呼应

图5-1-14 人模着装之交叉呼应法

## （三）橱窗道具设计

店铺橱窗陈列氛围设计中，橱窗道具是重要的设计元素之一。橱窗道具设计是指为展示产品橱窗中使用陈列道具的创意设计过程。橱窗道具设计的目的是配合商品陈列主题，达到衬托商品及吸引潜在客户的注意力的目的，从而促进商品销售。

橱窗道具设计需要考虑诸多因素，包括目标客户、品牌形象、商品主题以及橱窗的大小和形状等。还要考虑使用不同的材料、颜色和纹理来达到吸引顾客的视觉效果。

**橱窗道具的类型**

（1）装饰性橱窗道具

装饰性橱窗道具是指用于装饰橱窗并吸引顾客注意力的道具（图6-1-15）。这些道具通常不是直接用于展示产品或服务，而是为了增强橱窗的视觉效果和吸引力。装饰性橱窗道具可以采用各种材料制作，例如纸张、布料、金属、木材、塑料和玻璃等。它们的形状、大小、颜色和纹理也可以因橱窗展示的内容、品牌形象和季节等而异。例如，在圣诞节期间，橱窗道具可以采用圣诞主题，如圣诞树、雪人、铃铛、彩灯等，来吸引顾客的注意力。在情人节期间，橱窗道具可以采用红色、粉色、心形等情人节元素来装饰橱窗。装饰性橱窗道具的设计需要考虑品牌形象、展示的季节和场合等因素，以确保橱窗展示的内容与品牌形象相符合，并能够吸引顾客的注意力。

图5-1-15 装饰性橱窗道具

（2）功能性橱窗道具

功能性橱窗道具是指用于展示产品或服务的道具，这些道具通常具有特定的功能或用途，以便顾客更好地理解展示的产品或服务（图5-1-16）。常见的功能性橱窗道具有模特、陈列架、展台等，部分功能性橱窗道具还可以模拟实际使用场景，以帮助顾客更好地了解产品的特点和功能。功能性橱窗道具可以采用交互设计，例如触摸屏幕、灯光互动、声音效果等，以吸引顾客的注意力并提供更丰富的体验。交互式橱窗道具可以通过视觉、听觉和触觉等方式，让顾客更好地了解陈列的商品。

图5-1-16 功能性橱窗道具

(3）宣传性橱窗道具

宣传性橱窗道具是指用于宣传品牌或产品信息的道具，常见的有POP海报、展板、灯箱、显示屏等（图5-1-17）。宣传性橱窗道具的设计需要考虑品牌形象、宣传信息和目标客户等因素，以确保道具的设计与宣传信息相匹配。

图5-1-17 宣传性橱窗道具

橱窗道具的材料

（1）金属：金属是一种坚固、耐用的材料，常用于制作支撑结构、展示架、陈列架等橱窗道具。

（2）木材：木材是一种天然的材料，常用于制作橱窗道具的基座、展示柜、货架等。

（3）塑料：塑料是一种轻便、易加工的材料，常用于制作小型道具、雕塑和标志等。

（4）玻璃：玻璃是一种透明、坚固的材料，常用于制作展示柜、展示架、立柱等。

（5）纸张：纸张是一种轻便、易加工的材料，常用于制作橱窗道具的标志、宣传海报和装饰性花环等。

（6）布料：布料是一种柔软、易变形的材料，常用于制作橱窗道具的布幔、旗帜、背景等。

除了上述常见的材料，橱窗道具还可以采用其他材料，例如天然石材、陶瓷、植物、回收材料等。设计师应该根据橱窗陈列的内容、品牌形象和季节等因素，选择合适的材料进行设计和制作。

| 课程实训 |

根据店铺橱窗陈列氛围设计实训图（图5-1-18）选择合适的人模数量、配饰、基本道具及装饰素材，服装色彩自选，进行春装上市主题橱窗的氛围设计。

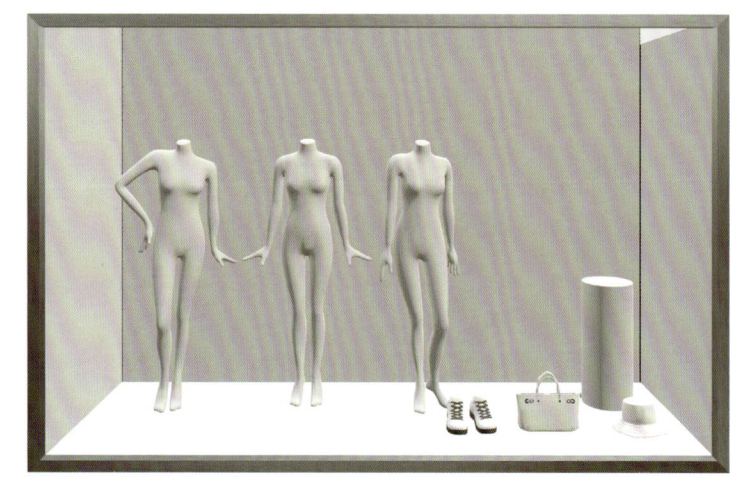

图5-1-18 店铺橱窗陈列氛围设计实训图

| 知识测试 |

### 单选题

1.（　　）也称开放式橱窗，是指橱窗没有后方遮挡，直接与卖场的空间相通。
   A. 通透式橱窗　　　B. 半通透式橱　　　C. 封闭式橱窗　　　D. 店内橱窗

2.（　　）是指后背采用半隔绝、半通透形式，所采用的分割材料有背板、玻璃、屏风、宣传画等。
   A. 通透式橱窗　　　B. 半通透式橱窗　　C. 封闭式橱窗　　　D. 店内橱窗

3.（　　）是指背后装有壁板与卖场完全隔开，形成单独空间的橱窗。
   A. 通透式橱窗　　　B. 半通透式橱窗　　C. 封闭式橱窗　　　D. 店内橱窗

4.（　　）通常由POP海报、墙纸、墙布等制作而成，优点是便于更换，营造陈列氛围，突出销售主题。
   A. 纯色简洁型　　　B. 海报平面型　　　C. 道具三维型　　　D. 透明可见型

### 多选题

1. 从装修形式上划分，橱窗可以分为（　　）。
   A. 通透式橱窗　　　B. 半通透式橱窗　　C. 封闭式橱窗　　　D. 店内橱窗

2. 在店铺橱窗构成中，通常是由（　　）等几种元素设计组成。
   A. 人模　　　　　　B. 服装　　　　　　C. 背景板　　　　　D. 道具

3. 常见的橱窗背景有（　　）。
   A. 纯色简洁型　　　B. 海报平面型　　　C. 道具三维型　　　D. 透明可见型

### 判断题

1. 从装修形式上划分，橱窗可以分为店头橱窗、店内橱窗。（　　）

2. 橱窗是卖场中相对独立的主题性集中展示空间，将品牌商业信息进行精练、强调、美化、集中展示的空间载体。（　　）

3. 道具三维型橱窗背景是将道具制件与橱窗背景相融合，制作成本较高，优点是空间层次感强，视觉冲击力大。（　　）

4. 在人模着装变化设计上，色彩的呼应通常使用交叉呼应法。（　　）

## 任务 2 店铺橱窗陈列方案设计

| 任务描述 |

某服装品牌店铺要进行橱窗陈列方案设计操作,请根据品牌和店铺要求完成店铺橱窗陈列方案设计。

| 知识目标 |

熟悉橱窗陈列设计的灵感来源及表现手法。

| 技能目标 |

能根据品牌要求寻找橱窗主题设计灵感来源,确定橱窗陈列表现手法,并进行店铺橱窗陈列方案设计。

| 素质目标 |

引导学生用正确的视角看待中国传统文化,树立文化自信。

| 知识学习 |

橱窗陈列设计是指在终端店铺的橱窗中,通过视觉艺术和营销策略相结合的手段,创造出令人印象深刻、有趣、独特和具有吸引力的陈列展示效果,使其能够吸引顾客进店并促进销售。

## 一、橱窗陈列设计的基本原则

### （一）视觉效果的延续性

橱窗陈列中的视觉效果延续性是指在陈列商品与橱窗展示的结合上，陈列师通过各种创意手法和布局方法，让整个橱窗呈现出一种流畅、有序、连贯的视觉效果。顾客在经过橱窗时，是一个连续且时间较短的过程。橱窗陈列设计要考虑顾客的最佳观测点及由远到近的视觉效果，将橱窗内的陈列商品按照不同的高度和层次进行布置，形成前后远近的空间感，增强整个橱窗的立体感和深度感。

### （二）整体风格的统一性

橱窗陈列的整体风格统一性是指在橱窗设计中，橱窗陈列和店内陈列的所有元素都应该遵循一个共同的主题、风格或理念，并通过各种手段和布局方法创造出整体协调统一的效果。橱窗陈列和店内陈列是一个整体，二者是内外关系，陈列设计应保持整体风格的统一性。在橱窗陈列设计时，先确定一个明确的主题或理念，以便于后续的设计和布置。店铺陈列时，采用搭配合理、符合主题的色彩组合，形成视觉效果的统一性。选择材质和纹理相似的陈列道具和装饰物，使整个橱窗和店内陈列呈现出统一的质感。

### （三）营销活动的一致性

橱窗陈列作为一种重要的营销手段，需要与店铺营销活动保持一致性，以确保整个品牌形象和营销策略的协调性。橱窗陈列时会使用宣传性道具，如POP海报、展板、灯箱、显示屏等，道具上的销售信息除了吸引顾客外，要让橱窗陈列与店铺营销活动协调一致，提高品牌形象的认知度和影响力，从而达到更好的营销效果。

### （四）陈列效果的艺术性

橱窗陈列不仅是一种营销手段，也是一门艺术，在设计中需要注重陈列效果的艺术性。通过各种视觉元素和艺术手法的运用，创造出具有艺术感、美感和独特性的橱窗陈列效果。

## 二、橱窗陈列设计的灵感来源

### （一）产品本身

橱窗陈列设计的灵感来源首先应该是产品本身，从产品的设计主题、特点、功能、材质、颜色等方面入手，运用创意手法进行搭配和展示。如将产品上的图案设计延伸到整个橱窗主题设计中去，在道具、色彩、背景、灯光等方面的设计上，充分运用图案元素进行一定的扩展、夸张、延伸设计运用（图5-2-1）。

### （二）季节主题

橱窗陈列设计的灵感来源常用的是季节主题，根据不同季节或假日的主题，如圣诞节、情人节、春节等，创造出相应的橱窗陈列效果。春季主题可以将新生、希望、活力作为主题，运用鲜花、绿植、明亮色彩等元素进行设计，营造出春天的清新气息。夏季主题可以将海滩、度假、清凉作为主题，运用海洋、沙滩、棕榈树等元素进行设计，营造出夏天的轻松和活力感。秋季主题可以将收获、丰收、金秋作为主题，运用枯叶、麦穗、果实等元素进行设计，营造出秋天的丰收气息。冬季主题可以将冬雪、节日、温馨作为主题，运用雪景、圣诞树、礼物等元素进行设计，营造出冬天的温馨和欢乐。

图5-2-1 橱窗陈列设计灵感来源之产品本身

# DISPLAY

### （三）自然环境

橱窗陈列设计的灵感来源可以是自然环境，从自然环境中获取如山水、花草、动物等元素，为橱窗陈列增添自然美感。选择自然环境可以从产品本身的使用环境入手，从而增强产品使用的情境感（图5-2-2）。

图5-2-2 橱窗陈列设计灵感来源之自然环境

## （四）文化艺术

橱窗陈列设计的灵感来源可以是文化艺术，如从文学、音乐、绘画、雕塑等艺术领域中获取灵感（图5-2-3）。橱窗陈列与文化艺术的结合是一种创新的设计方式，可以将品牌形象、产品特性和文化艺术元素融合在一起，创造出独具魅力和艺术感的橱窗陈列效果。设计者可在橱窗陈列中加入传统文化元素，如中国古代传统节日、民俗风情等，以及传统的文化符号，如非遗文化、宋韵文化等，展示品牌对传统文化的尊重与传承。通过橱窗陈列展示品牌故事、历史渊源、创始人故事等，打造出具有情感共鸣的品牌形象，并加强品牌与消费者之间的联系。在橱窗陈列中加入艺术展览、音乐会、文化讲座等主题活动，吸引顾客参与，提高品牌知名度和美誉度。

图5-2-3 橱窗陈列设计灵感来源之文化艺术

### （五）流行趋势

橱窗陈列设计的灵感来源可以是流行趋势，关注时尚潮流、流行元素和社会热点事件等，将其融入到橱窗陈列设计中，吸引年轻消费者目光。根据各大流行趋势研究机构发布的时尚流行趋势，运用当下流行的风格、色彩、款式、图案等，为橱窗陈列增添潮流元素和个性化，吸引目光并提高品牌形象。

## 三、橱窗陈列设计的表现手法

### （一）直接展示法

橱窗陈列的直接展示法是指将产品直接放置于橱窗中，让顾客能够清楚地看到商品的外观、质量、功能等特点。这种方法可以直接吸引顾客的注意力和购买欲望，增加商品销售额。在产品陈列上，将商品按照一定规律和样式陈列在橱窗中，以突出商品的特色和优势。在产品组合上，将几个不同的商品组合在一起展示，以展示商品的适用性和搭配性（图5-2-4）。

### （二）系列展示法

橱窗陈列的系列展示法是指在橱窗中同时展示同一款式、同一系列或者同一风格的商品，以提高观众对于品牌和产品的印象和认知度（图5-2-5）。这种方式可以让消费者更好地了解品牌和产品的特点和优势，提高店铺销售额和客户忠诚度。

图5-2-4 橱窗陈列设计表现手法之直接展示法

图5-2-5 橱窗陈列设计表现手法之系列展示法

### (三)寓意与联想

寓意是指某个符号、形象或行为所代表的深层含义和象征意义,通常需要借助文化背景、传统风俗等因素来理解。联想则是基于某种感知或思维方式,使不同元素之间产生联系和相互作用的过程。通过与已有的知识和经验进行比较和联系,帮助人们更好地理解新事物和新概念。在设计领域中,寓意和联想通常用于描述设计作品所传达的信息和情感共鸣。在橱窗陈列设计中,一个成功的设计作品应该能够通过视觉元素和展示内容,引起观众的共鸣和联想,并且传达出特定的寓意和主题。

春节是中国传统文化中最为重要的团聚时刻,因此橱窗陈列可以通过展示团圆场景、亲情画面等来表现出这种寓意,并引起观众对于家庭温暖、团结互助等方面的联想。在中国传统文化中,春节是吉祥如意的象征。橱窗可以通过运用红色、金色等吉祥颜色,或摆放与吉祥物符号相关的装饰品,来表现出这种寓意,并引起观众对于好运、幸福等方面的联想。春节也是中国传统文化的代表性节日之一。橱窗可以通过展示中国传统元素,如中国结、剪纸、灯笼等,来表现出这种寓意,并引起观众对于传统文化、历史文化等方面的联想。春节期间,人们会享用许多美食,如饺子、年糕等。橱窗可以通过展示与美食相关的道具或场景,来表现出这种寓意,并引起观众对于美食文化、餐桌文化等方面的联想。

### (四)夸张与幽默

橱窗陈列可以通过夸张和幽默的手法来吸引观众的注意力和情感共鸣。夸张效果通过放大和夸张的手法,将产品或主题形象表现得更为生动和引人注目。比如将一个小巧玲珑的物品制作成巨大的模样,或用特殊材质使其看上去更加奇特和有趣(图5-2-6)。幽默效果通过运用幽默元素,展现出与主题相关的诙谐、滑稽或反讽的内容,如运用动物头像的展示模特(图5-2-7)。橱窗陈列还可以运用反转效果,利用意想不到的反转方式,在视觉上给人带来新鲜感和冲击力。例如在夏季主题展示中使用冬季元素。

图5-2-6 橱窗陈列设计表现手法之夸张

图5-2-7 橱窗陈列设计表现手法之幽默

## （五）重复与强调

在橱窗陈列设计中，重复和强调是常用的设计手法，可以增加展示效果和吸引力（图 5-2-8）。通过重复元素、色彩或者构图方式，来营造出视觉上的统一感和层次感。如在春节橱窗陈列时，通过重复运用春节相关的符号，比如鞭炮、灯笼、年画等，来表达出春

图 5-2-8 橱窗陈列设计表现手法之重复与强调

节的氛围和传统文化价值。强调则可以通过放大、突出或者特殊处理某个元素，来引起观众的注意力和兴趣。

### （六）嫁接与替换

橱窗陈列的嫁接与替换是指将不同类型的商品、装饰品等元素进行组合，创造出全新的视觉效果和场景。嫁接可以在橱窗中同时展示不同的商品或装饰品等元素，通过巧妙地组合和搭配来营造出独特的视觉效果。例如，在一个现代主题的橱窗中，可以摆放一些具有传统文化特色的装饰品，以产生文化碰撞和冲击。替换则是在橱窗中更换一个或多个元素，从而改变整体的视觉效果。例如，在春季主题橱窗中，可以根据节日时节的变化适时更换花卉、装饰品等元素，以反映出季节的气息和变化。

### （七）场景展示法

橱窗陈列的场景展示法是指在橱窗中创造一个完整的场景，通过布置、装饰、灯光等手段，使观众产生身临其境的感受。这种方式可以让观众更好地理解产品和品牌的特点，从而提高消费者的购买欲望。

场景展示法可以进行现场模拟，在橱窗中模拟某个特定的场景，比如模拟一个户外运动场所或者商务办公环境等，以表现出商品的特性和使用场景。场景展示法可以用于打造主题，将橱窗打造成一个有明确主题的场景，例如中秋节、春节等节日主题，或者是某个电影、小说等题材的场景。场景展示法可以营造情感共鸣，通过装饰、灯光等手段，营造出浪漫、温馨、舒适等情感氛围，以引起顾客的注意和情感共鸣。场景展示法可以展示历史文化，将传统文化元素融入到场景中，比如在橱窗中摆放仿古物件、传统工艺品等，以体现历史文化的价值和品牌文化特色。

### （八）互动体验法

橱窗陈列的互动体验法是指通过与顾客进行互动，让顾客更加深入地了解和体验产品、品牌和文化特色。这种方式可以增加消费者的参与感和购买欲望，提高品牌的知名度和美誉度。

在橱窗陈列中设置社交媒体互动区，让消费者通过拍照上传等方式，与品牌进行互动和分享，以扩大品牌的影响力和传播效应。在橱窗中设置数字屏幕或投影设备，运用技术手段进行信息展示和交互，吸引顾客的视线。

## 四、橱窗陈列设计的步骤

### （一）确定主题和目标

在设计橱窗陈列前，需要明确陈列的主题和目标。主题是指橱窗陈列所要传达的信息、情感或者文化价值，而目标是指希望通过橱窗陈列能够实现的销售目标或者品牌宣传目标。

### （二）确定元素和布置方式

在确定主题和目标后，需要选择合适的展示元素和搭配方式。这些元素包括产品、装饰品、灯光等，布置方式包括直接展示、嫁接替换、场景展示等。

### （三）设计草图和模型

根据主题、目标和元素，设计出初步的草图和模型。这些草图和模型需要考虑元素的大小、比例、颜色、材质等因素，以确保整体效果的美观和协调。

### （四）安排布局和细节处理

在完成初步设计后，需要进行具体的布局和细节处理。这包括产品摆放位置、装饰品的搭配、灯光的修正等方面，以达到最佳的视觉效果和吸引力。

### （五）不断优化和调整

在完成橱窗陈列的设计和布置后，需要不断优化和调整，包括对元素、布局、灯光等方面的微调和修正，以确保最终效果最佳。

| 课程实训 |

根据店铺橱窗陈列方案设计实训图（图5-2-9），选择合适的人模数量、服装、配饰、基本道具及装饰素材，将非遗文化元素融入冬装主题橱窗陈列方案设计。

图5-2-9 店铺橱窗陈列方案设计实训图

| 知识测试 |

### 单选题

1.（　　）是指将产品直接放置于橱窗中，让顾客能够清楚地看到商品的外观、质量、功能等特点。
   A. 直接展示法　　　B. 系列展示法　　　C. 寓意与联想　　　D. 夸张与幽默

2.（　　）是指在橱窗中同时展示同一款式、同一系列或者同一风格的商品，以提高观众对于品牌和产品的印象和认知度。
   A. 直接展示法　　　B. 系列展示法　　　C. 寓意与联想　　　D. 夸张与幽默

3.（　　）是指某个符号、形象或行为所代表的深层含义和象征意义，通常需要借助文化背景、传统风俗等因素来理解。
   A. 寓意　　　　　　B. 联想　　　　　　C. 夸张　　　　　　D. 幽默

### 多选题

1. 橱窗陈列设计的灵感来源主要有（　　）。
   A. 产品本身　　　　　　　　　　B. 季节主题
   C. 自然环境　　　　　　　　　　D. 文化艺术、流行趋势

2. 橱窗陈列设计的基本原则（　　）。
   A. 视觉效果的延续性　　　　　　B. 整体风格的统一性
   C. 营销活动的一致性　　　　　　D. 陈列效果的艺术性

3. 橱窗陈列设计的灵感来源可以是文化艺术，从（　　）等艺术领域中获取灵感。
   A. 文学　　　　　B. 音乐　　　　　C. 绘画　　　　　D. 雕塑

### 判断题

1. 橱窗陈列的嫁接与替换是指将不同类型的商品、装饰品等元素进行组合，创造出全新的视觉效果和场景。（　　）

2. 联想是基于某种感知或思维方式，使不同元素之间产生联系和相互作用的过程。（　　）

3. 夸张效果通过放大和夸张的手法，将产品或主题形象表现得更为生动和引人注目。（　　）

项目六 | **服装店铺陈列管理**

## 任务 1 服装店铺陈列调研与分析

**| 任务描述 |**

陈列师上岗后,主管要求其对店铺进行针对性的调研与分析。思考陈列师要从哪些方面进行陈列调研报告的内容设计及分析。

**| 知识目标 |**

掌握服装店铺陈列调研的内容及重点,了解并掌握服装店铺陈列调研的流程及方法,熟悉橱窗陈列设计的灵感来源及表现手法。

**| 技能目标 |**

能根据调研品牌的要求,确定服装店铺陈列调研的内容,编制品牌陈列调研方案,能根据调研品牌在某一时间段内的销售情况,进行各种陈列数据和图片的收集,为制作品牌陈列调研报告提供依据。

**| 素质目标 |**

树立创新创业意识,养成尊重宽容、团结协作和平等互助的合作意识,形成良好的职业道德和职业素养。

| 知识学习 |

品牌通过调研品牌认知度、品牌形象、产品信息、营销手段、服务信息等指标,掌握自己的品牌在市场中的优劣位置和提升空间,提升品牌竞争力。店铺陈列调研则是通过对目标品牌终端店铺进行有针对性的陈列调研,了解其陈列现状并进行数据收集、分析,从而推进品牌陈列质量的提升。

**一、服装店铺陈列调研内容设计**

**(一)品牌定位调研**

*品牌理念*

(1)品牌历史

品牌历史主要调研品牌公司成立时间,企业商标注册时间、注册地及企业发展变迁历程。

(2)品牌理念

品牌理念是品牌对公司目标及其达成方式的定义性描述。

商品品类

| 商品品类分析 | |
|---|---|
| 商品大类 | 服装（　　）　配件（　　） |
| 商品性别 | 男（　　）　女（　　） |
| 商品年龄 | 男成衣（　　）　女成衣（　　）　儿童（　　） |
| 商品系列 | 功能分类（　　）　设计分类（　　） |
| 商品细类划分 | |
| 服装 | 外套（　）衬衣（　）长裤/裙（　）短裤/裙（　）T恤（　）其他（　） |
| 配件 | 帽子（　）围巾（　）腰带（　）手套（　）袜子（　）<br>鞋子（　）包（　）香水（　）化妆品（　） |

价格体系

（1）服装商品价格分析

| 分类 | 低档价格类 | 中档价格类 | 高档价格类 |
|---|---|---|---|
| 价格线 | （　）元～（　）元 | （　）元～（　）元 | （　）元～（　）元 |
| 商品品类 | | | |
| 占比 | | | |

（2）配饰商品价格分析

| 分类 | 低档价格类 | 中档价格类 | 高档价格类 |
|---|---|---|---|
| 价格线 | （　）元～（　）元 | （　）元～（　）元 | （　）元～（　）元 |
| 商品品类 | | | |
| 占比 | | | |

顾客定位

顾客定位主要是调研顾客性别、年龄、阶层、职业、消费能力等。

## （二）店铺空间调研

店铺空间布局

根据调研品牌终端店铺空间平面布局进行平面图绘制。要求明确标明出入口、橱窗、店内陈列架（柜）、收银台、试衣间、仓库、休息区的位置。

| （　　　　　　　　）店铺空间陈列平面图 |
|---|
| |

**客流动线分析**

客流动线就是空间动线，顾客进入店铺、店内环游、离开店铺的行动轨迹。单位时间内，在店铺空间陈列平面图上绘制可识别的线条，记录10名顾客的行走路线，要求明确顾客进出方向、触摸点、试穿点、购买点等关键信息。

（　　　　　　　　　　）顾客动线图

店铺客流分析

店铺客流分析主要是调研店铺的客流量、进店量、进店率、触摸率、试穿率、成交率、连带销售比。客流量是指单位时间内，经过店铺主门面的客流总数。进店量是指单位时间内，进入店铺的顾客总数。进店率是指进店量与客流量的比值。触摸率是指单位时间内，触摸产品的顾客总数与进店量的比值。试穿率是指单位时间内，试穿产品的顾客总数与进店量的比值。成交率是指单位时间内，购买产品的顾客总数与进店量的比值。连带销售比是指单位时间内，销售总件数与销售总单数的比值。

| 统计项目 | 统计结果 | 抽样时间 | 备注 |
| --- | --- | --- | --- |
| 客流量 | | | |
| 进店量 | | | |
| 进店率 | % | | |
| 触摸率 | % | | |
| 试穿率 | % | | |
| 成交率 | % | | |
| 连带销售比 | | | |

（三）橱窗陈列调研

橱窗陈列主题

| 橱窗主题调研内容 | 调研数据 |
| --- | --- |
| 橱窗时间主题 | |
| 橱窗商品主题 | |
| 橱窗设计主题 | |

橱窗陈列构成

（1）橱窗模特摆位调研

橱窗模特摆位调研主要是调研模特种类、数量，模特的横向、前后、高低位置的变化情况，从而掌握橱窗立体构成手法。

（2）橱窗模特着装调研

橱窗模特着装调研主要是调研模特着装色彩、款式、配饰情况，从而掌握橱窗模特着装的演绎手法。

（3）橱窗氛围营造调研

橱窗氛围营造调研主要是调研橱窗所营造的氛围主题、橱窗道具及灯光的使用情况。

## （四）店内陈列调研

**商品品类分区**

根据店铺空间陈列平面图绘制商品品类分区图，要求将每个陈列架（柜）的商品陈列品类绘制详细。

| 商品品类分区图 |
| --- |
|  |

入口陈列

| 入口陈列调研 | 调研数据 |
|---|---|
| 店铺入口商品品类 | |
| 店铺入口商品价格线 | |
| 店铺入口陈列方式与容量 | |
| 店铺入口陈列手法 | |
| 店铺入口陈列细节 | |

中岛陈列

| 中岛陈列调研 | 调研数据 |
|---|---|
| 店铺中岛商品品类 | |
| 店铺中岛商品价格线 | |
| 店铺中岛陈列方式与容量 | |
| 店铺中岛陈列手法 | |
| 店铺中岛陈列细节 | |

陈列架（柜）陈列

| 陈列架（柜）陈列调研 | 调研数据 |
|---|---|
| 店铺陈列架（柜）商品品类 | |
| 店铺陈列架（柜）商品价格线 | |
| 店铺陈列架（柜）陈列方式与容量 | |
| 店铺陈列架（柜）陈列手法 | |
| 店铺陈列架（柜）陈列细节 | |

## （五）陈列维护调研

| 陈列维护调研 | | 调研数据 |
|---|---|---|
| 店面形象维护 | 店面硬件环境形象 | |
| | 店面商品形象 | |
| 店内形象维护 | 店内硬件环境形象 | |
| | 店内商品形象 | |
| 器架道具维护 | 陈列器架的形象维护 | |
| | 陈列器架的功能维护 | |
| 照明与设备 | 灯光设备基础照明功能维护 | |
| | 灯光设备重点照明功能维护 | |
| | 灯光设备装饰照明功能维护 | |
| 店员表现 | 店员形象表现 | |
| | 店员陈列表现 | |

## 二、服装店铺陈列调研报告撰写

### （一）服装店铺陈列调研报告撰写的原则

**科学性**

服装店铺陈列调研报告的表述必须观点客观、数据真实，论证要以事实为依据，无论是阐述因果关系、结论的利弊和价值、结论的实用性和可行性，都必须从事实出发。

**创造性**

创造性是衡量陈列调研报告质量水平高低的重要依据。调研报告要有自己的观点，全面、系统地进行陈列调研分析，突出重点，改进措施要有较强的可操作性。

**规范性**

在撰写调研报告时，要按照一定的格式，不能忽视最基本的规范要求。陈列道具、陈列手法、陈列色彩等相关专业用语应科学规范，语言阐述必须精确、通俗。

### （二）服装店铺陈列调研相片拍摄流程与要求

**店铺全景拍摄**

店铺全景的拍摄，主要包括出入口、外立面、橱窗等。相片拍摄要求构图完整，布局合理、画面工整，能完整地表现店铺整体形象。

**店铺橱窗拍摄**

店铺橱窗拍摄要对店铺全部橱窗进行拍摄，对每一组橱窗要求进行整体及局部的拍摄，包括模特、着装、道具、灯光等细节的拍摄记录。

**店内陈列拍摄**

店内陈列拍摄主要是拍摄店铺所有货架的陈列，首先是流水台，其次对靠墙高架（柜）进行从左到右拍摄，最后是中岛陈列拍摄。拍摄时尽量保持正面构图，先整体再局部，注重画面的完整性。

**服务空间拍摄**

服务空间拍摄主要是收银台、试衣间、休息区、仓库等空间的拍摄。

## （三）服装店铺陈列调研的方法

服装店铺陈列调研的方法会影响调研数据的准确性，以及调研结论的科学性。根据调研内容的获取路径，服装店铺陈列调研的方法主要分为文案调研和实地调研。

### 服装店铺陈列的文案调研

文案调研又称资料查阅寻找法、间接调查法、资料分析法或室内研究法。它是围绕某种目的对公开发布的各种信息、情报，进行收集、整理、分析研究的一种调查方法。

服装店铺陈列调研的文案调研主要是针对服装品牌的品牌网站、网络店铺的信息数据及相关互联网资料的收集。通过品牌网站可以进行品牌历史、品牌理念、顾客定位、营销策略等方面的信息收集。通过网络店铺可以了解品牌的产品类型、价格、颜色、风格等信息。通过互联网可以了解到品牌相关报道、销售活动、市场评价等信息。

### 服装店铺陈列的实地调研

服装店铺陈列的实地调研是指对店铺品牌终端店铺进行现场调研，从而获取店铺真实陈列数据的方法。

首先是访谈法调研。访谈法调研就是在终端店铺跟工作人员进行访谈，通过沟通获取店铺陈列信息的方法。服装店铺陈列的实地调研时，通过与店铺终端销售人员的访谈，可以了解店铺真实的货品情况和陈列现状，掌握店铺各类商品的销售金额、销售占比、库存量、陈列面积及占比，了解当前店铺销售策略、活动主推款、店铺商品系列等信息。

其次是观察法调研。观察法调研就是调研人员通过对服装终端店铺陈列现状的观察、记录，从而获取店铺陈列数据的方法。在进行陈列调研时，可以通过观察法了解店铺陈列现状，包括橱窗陈列数据、店铺陈列动线、每个陈列柜（架）的陈列货品及陈列手法等。

| 课程实训 |

对本地区某个服装品牌进行针对性的店铺陈列调研，根据收集的信息及数据进行陈列调研报告的撰写。

| 知识测试 |

### 单选题

1.（　　）是指单位时间内，经过店铺主门面的客流总数。
   A. 客流量　　　　B. 进店量　　　　C. 成交率　　　　D. 连带销售比

2.（　　）是指单位时间内，进入店铺的顾客总数。
   A. 客流量　　　　B. 进店量　　　　C. 成交率　　　　D. 连带销售比

3.（　　）是指单位时间内，购买产品的顾客总数与进店量的比值。
   A. 客流量　　　　B. 进店量　　　　C. 成交率　　　　D. 连带销售比

### 多选题

1. 店铺客流分析主要是调研店铺的（　　）。
   A. 客流量、进店量　　B. 进店率、触摸率　　C. 试穿率、成交率　　D. 连带销售比

2. 服装商品品类划分中，配件类主要有（　　）。
   A. 帽子、围巾　　　B. 腰带、手套　　　C. 袜子、鞋子　　　D. 包、化妆品

3. 服装商品品类划分中，服装类主要有（　　）。
   A. 外套、衬衣　　　B. 长裤/裙　　　　C. 短裤/裙　　　　D. T恤

### 判断题

1. 进店率是指进店量与客流量的比值。（　　）

2. 试穿率是指单位时间内，试穿产品的顾客总数与客流量的比值。（　　）

3. 顾客定位主要是调研顾客性别、年龄、阶层、职业、消费能力、店铺进店量、客单价等。（　　）

4. 连带销售比是指单位时间内，销售总件数与销售总价格的比值。（　　）

## 任务 2 服装品牌陈列手册

| 任务描述 |

某服装品牌店铺要进行陈列手册设计操作,请根据品牌要求完成陈列标准的制订。

| 知识目标 |

了解陈列手册的分类及要求。

| 技能目标 |

能根据品牌要求进行陈列标准的制订。

| 素质目标 |

培养学生的家国情怀,弘扬中华美育精神,培养工匠精神、责任意识。

| 知识学习 |

服装陈列手册是服装店铺陈列规范和标准的手册，通常由品牌或零售商制定并提供给店铺的陈列人员使用。该手册包括了陈列设计方案、商品摆放原则、搭配原则、装饰风格等方面的具体要求和标准，旨在保证所有店铺的陈列风格和质量的统一和稳定性。遵循服装陈列手册中的规范和标准，不仅可以提高陈列效果和销售额，还能够增强品牌形象和消费者对品牌的认知度和信赖度。

## 一、陈列手册的作用

### （一）建立规范统一的陈列规则

服装店铺的服装、服饰类商品种类繁多，陈列方式与容量、陈列手法与陈列细节各有不同。终端店铺进行服装陈列时，需要规范统一的陈列规则来指导完成，陈列手册就是给员工提供一个规范统一的陈列规则。

### （二）塑造整洁统一的陈列形象

品牌形象直接影响顾客对品牌的认知与忠诚度，陈列形象是服装品牌形象最直接的展示方式之一。服装品牌的不同终端店铺使用整洁统一的陈列货架、陈列道具、灯光等元素，可以帮助品牌通过陈列塑造一个统一的品牌视觉形象。

### （三）营造快速统一的陈列复制

服装是季节性的产品，具有很强的时效性。服装品牌由于终端店铺数量较多，陈列师数量有限，使用陈列手册可以将陈列方案信息快速在店铺中传递。陈列手册可以加强对直营店、加盟店的陈列管理，降低品牌经营成本。

## 二、陈列手册的分类

陈列手册是为了规范店铺陈列行为,提高店铺的销售业绩及品牌陈列形象。通常可以分为基础性陈列手册和时段性陈列指引。

### (一)基础性陈列手册

基础性陈列手册也称为通用式陈列手册,是指导终端店铺及加盟店铺如何正确陈列商品的手册,也是明确品牌基础性陈列规范的陈列指导性手册。基础性陈列手册是品牌陈列形象的基础,其中的陈列规范要求相对比较固定,也便于企业对品牌店铺进行陈列考核。其内容通常包括以下几个部分:

#### 品牌介绍

首先是明确品牌的内涵。每个品牌都有其明确的消费群体定位,陈列手册首先需要让每一个员工明确自己品牌的设计风格与品牌定位,从而使陈列人员了解服装陈列所树立的品牌形象。

#### 基础陈列标准

基础陈列标准主要包括服装陈列标准和配饰陈列标准。服装陈列标准主要是正挂、侧挂、叠装的陈列规范,具体包括衣架的使用、挂钩方向、服装正面朝向、衣架间距及不同季节的出样尺码、SKU(最小存货单位)、件数、款式等信息(表6-2-1)。

表6-2-1 正挂尺码及SKU容量要求

| 季节 | 款式 | SKU | 标准 | 件数 | 尺码 |
|---|---|---|---|---|---|
| 春、夏、秋 | 短T恤、长T恤、卫衣、针织衫、薄棉服 | 2SKU | 2件/SKU | 4件 | 女装:S—M<br>男装:L—M—XL<br>前—后 |
| 冬 | 厚棉服、羽绒服 | 1~2SKU | 2~3件/SKU | 3~4件 | 女装:M—S—L<br>男装:L—M—XL<br>前—后 |

配饰陈列标准主要是帽子、围巾、腰带、手套、袜子、鞋子、包、香水、化妆品等配饰的陈列规范。具体包括陈列出样的尺码、数量、朝向等陈列细节（表6-2-2）。

表6-2-2 鞋、包陈列规范

| 配饰种类 | 陈列范围 |
|---|---|
| 鞋 | 1. 鞋带统一交叉系法，外观平整，末端收至鞋内无外露<br>2. 标签吊牌收至鞋内无外露<br>3. 男女统一为左脚出样或成双出样<br>4. 尺码：男42码，女37码<br>5. 鞋内使用填充物，需填充饱满不可外露 |
| 包 | 1. 同款同系列集中出样，拉链、包带收拢至包内<br>2. 吊牌隐藏不外露，包内需有填充物且大小适度<br>3. 服装板墙处包类产品，1SKU出样1个，配件板墙处可以根据包类产品SKU数，出样1~2个 |

店铺形象设计

基础性陈列手册中的店铺形象设计是服装品牌依据终端店铺形象推广政策向品牌店铺、加盟店铺提供品牌推广的形象规范。店铺形象设计遵循专业、系统、可行的原则，对在店铺形象体系建设过程中应用到的视觉基础识别系统、专卖店道具、测量标准、装修施工方法等作出正确说明及指导，并系统、直观地介绍店铺形象设计标准建设流程。店铺形象设计一般包括品牌标识规范、门店装修规范、卖场常规划分、专卖店道具系列规范等。

品牌陈列原则

品牌陈列原则主要包括品牌陈列手法、色彩陈列原则、橱窗及货架陈列原则等。品牌陈列手法一般有平衡、对称、交叉、重复等出样原则。色彩陈列原则主要有色彩的意义、色彩表现形式、色彩使用原则。橱窗及货架陈列原则主要有对橱窗空间要求及概念性定义、货架的尺寸、颜色、形式、名称及使用要求等。

日常陈列维护

日常陈列维护主要是货品、货架、道具、灯具、门头、橱窗、功能空间等方面的维护规范。日常陈列维护会对维护时间、流程、细节、标准等方面进行规范，以便对店铺人员的陈列维护进行考核。

## （二）时段性陈列指引

时段性陈列指引也称季节性陈列手册，是针对不同时间段（如季节、节日等）而制定的陈列设计方案，旨在根据消费者需求和市场趋势，在特定时间段内吸引消费者的注意力，增加销售量。时段性陈列指引包括具体的陈列设计方案、商品搭配原则、展示位置选取以及主题宣传策划等方面，通过巧妙的布局和合理的组合，对顾客产生强烈的购买欲望和视觉冲击，提高走访率和转化率。同时，时段性陈列指引也需要考虑与品牌形象的契合度和整体调性的一致性，保持品牌的连贯性和稳定性。时段性陈列指引的主要内容包括以下几个方面：

（1）主题和目标：确定该季节或节日的主题和目标，如促销、品牌宣传等。

（2）产品选择：根据主题和目标选择合适的商品，考虑消费者需求和市场趋势。

（3）陈列设计：制定陈列设计方案，包括商品摆放位置、搭配原则、装饰品选择等。

（4）货架调整：根据陈列设计方案进行货架调整，使其更符合消费者购物行为。

（5）宣传策划：制定宣传策划方案，包括店内海报、POP广告、社交媒体宣传等，吸引消费者的注意力。

（6）实施监控：对时段性陈列指引实施情况进行监控和调整，及时发现问题并改进。

总之，时段性陈列指引需要综合考虑消费者需求、市场趋势和品牌形象等多个方面，以提高店铺的走访率和转化率，增加销售额。

| 课程实训 |

根据休闲女装品牌基础陈列标准要求进行服装及配饰陈列标准的制订。

| 知识测试 |

### 单选题

1. （　　）是服装店铺陈列规范和标准的手册，通常由品牌或零售商制定并提供给店铺的陈列人员使用。

   A. 服装陈列手册　　　B. 陈列标准　　　C. 橱窗陈列　　　D. 陈列规范手册

2. （　　）也称为通用式陈列手册，是指导终端店铺及加盟店铺如何正确陈列商品的手册，也是明确品牌基础性陈列规范的陈列指导性手册。

   A. 基础性陈列手册　　　　　　　　B. 时段性陈列指引
   C. 橱窗陈列设计方案　　　　　　　D. 空间陈列设计方案

3. （　　）也称季节性陈列手册，是针对不同时间段（如季节、节日等）而制定的陈列设计方案，旨在根据消费者需求和市场趋势，在特定时间段内吸引消费者的注意力，增加销售量。

   A. 基础性陈列手册　　　　　　　　B. 时段性陈列指引
   C. 橱窗陈列设计方案　　　　　　　D. 空间陈列设计方案

### 多选题

1. 陈列手册是为了规范店铺陈列行为，提高店铺的销售业绩及品牌陈列形象。通常可以分为（　　）。

   A. 基础性陈列手册　　　　　　　　B. 时段性陈列指引
   C. 橱窗陈列设计方案　　　　　　　D. 空间陈列设计方案

2. 日常陈列维护主要是（　　）等方面的维护规范。

   A. 货品、货架　　　　　　　　　　B. 道具、灯具
   C. 门头、橱窗　　　　　　　　　　D. 功能空间

### 判断题

1. 时段性陈列指引也需要考虑与品牌形象的契合度和整体调性的一致性，保持品牌的连贯性和稳定性。（　　）

2. 配饰陈列标准主要是帽子、围巾、腰带、手套、袜子、鞋子、包、香水、化妆品等配饰的陈列规范。（　　）

3. 服装是季节性的产品，具有很强的时效性。（　　）

# 任务 3 服装店铺灯光陈列

**| 任务描述 |**

某服装品牌店铺要进行服装店铺灯光陈列操作,请根据品牌和店铺要求完成店铺灯光陈列调整。

**| 知识目标 |**

了解服装店铺灯光陈列的原则和分类。

**| 技能目标 |**

能根据品牌要求进行店铺灯光的选择,并能根据空间要求进行灯光调整。

**| 素质目标 |**

培养学生的家国情怀,弘扬中华美育精神,培养工匠精神、责任意识。

| 知识学习 |

　　灯光陈列是指通过巧妙地运用照明设备和技术手段，将商场、专卖店、展厅等场所的产品或展品进行艺术化的展示和布置（图6-3-1）。灯光陈列设计不仅可以提高商品的展示效果，吸引顾客注意力，更可以为消费者创造出独特的购物体验，提升品牌形象。

图6-3-1 灯光陈列图

## 一、服装店铺灯光陈列的作用

### （一）突出服装商品特点

服装店铺通过调整灯光亮度、色温、角度等参数，可以突出商品的特点和优势，吸引顾客的注意力，提高销售效果。

### （二）打造良好品牌形象

服装店铺采用符合品牌形象的灯光设计，可以强化顾客对品牌的印象和感受，增强品牌认知度和忠诚度。

### （三）创造舒适购物环境

通过营造恰当的灯光氛围，改善卖场中不完美的空间区域，激活卖场销售冷区，可以创造出舒适、温馨、时尚的购物环境，促进顾客体验和购买欲望。

### （四）引导顾客购物行为

服装店铺通过利用灯光照明设计，可以引导消费者的视线和注意力，从而达到引导消费者触摸商品、试穿商品、购买商品等目的。

## 二、服装店铺灯光陈列的原则

服装店铺灯光陈列是一个非常重要的环节，它可以影响顾客对商品和店铺整体形象的感受和印象。服装店铺灯光陈列原则主要有以下几点：

### （一）舒适原则

舒适原则是确保照明环境舒适和健康，使顾客和员工在其中感到舒适和愉悦。光线的稳定性可以减少光线闪烁和眩光，从而降低视觉疲劳和头痛等不适感。反射光会影响顾客的视觉体验和购物体验，因此需要避免使用过多反射材料和表面处理，可使用哑光涂料来减少反射。

展示物品
请勿碰撞

·服装陈列·

## （二）吸引原则

吸引原则是通过合理的灯光设计和搭配，吸引顾客的注意力，提高服装陈列效果和销售额。根据店铺空间特点，通过灯光陈列吸引顾客视线，从而引导顾客动线。品牌形象是吸引顾客的重要因素之一，使用与品牌形象相匹配的灯光可突出品牌特色和价值。

## （三）真实显色原则

真实显色原则是在保证舒适和吸引原则的同时，尽可能准确地还原商品的真实颜色和质感。选择能够准确还原颜色的灯光色温，一般来说，较高的色温可以更好地还原白色和浅色系，而较低的色温则更适合还原深色系。灯光的稳定性也对颜色还原有很大的影响，选择具有高稳定性的灯光系统，避免光线闪烁和眩光。

## （四）层次分明原则

层次分明原则是通过合理的灯光设计和布局，使整个卖场呈现出立体感和层次感，促进商品陈列效果和销售额。根据不同的服装类型和品牌定位，将服装卖场划分为不同的区域和功能区，每个区域采用不同的灯光设计和亮度，以增加空间层次感。通过灯光的投射和搭配，打造出阶梯式的空间感，加强商品的视觉冲击，唤起顾客购买欲望。

## （五）品牌风格吻合原则

品牌风格吻合原则是指在服装店铺灯光陈列设计中，要考虑到品牌的定位和风格，以确保灯光与品牌形象相符，增强品牌的识别度和差异化竞争优势。在空间处理方面，将品牌元素和标志性物品融入灯光设计中，创造出独特的品牌氛围和体验效果，提高消费者对品牌的认知度和好感度。在品牌文化营造方面，通过灯光展示和照明技术，传达品牌文化和理念，增强品牌的内涵和外延，提高品牌的吸引力和口碑。

### 三、服装店铺灯光陈列的分类

#### （一）按照明灯具分类

服装卖场常用陈列照明灯有射灯、筒灯、LED灯带等（图6-3-2）。射灯可以用于重点展示某个产品或区域，分为吸顶式射灯和轨道射灯。吸顶式射灯位置固定，照射角度可以调节。轨道射灯可以在轨道上进行位置移动，适用范围相对较大。筒灯通常安装在天花板或陈列柜中，可用于照亮整个区域并营造舒适的氛围。LED灯带主要用于照亮货架、展示柜、墙壁等。

图6-3-2 射灯、筒灯、LED灯带（从左至右）

#### （二）按照射方式分类

服装卖场灯光陈列按照射方式分类可以分为直接照明、间接照明、漫射照明（图6-3-3）。直接照明是指将灯光直接照射到需要照亮的物体或区域，通常采用射灯、筒灯等灯具直接对准目标进行照明，可以产生强烈的光线和阴影效果，突出物体的轮廓和细节。直接照明适用于需要强调细节和视觉层次的正挂陈列、模特陈列、橱窗陈列等位置。间接照明是指通过将灯光反射或散射到墙壁、天花板、地面等表面上，从而使整个空间得到柔和、均匀的照明效果。间接照明光线柔和，没有眩光，没有较强的阴影。漫射照明是通过使光线均匀地向四周漫射，营造一种均匀、柔和的照明氛围。

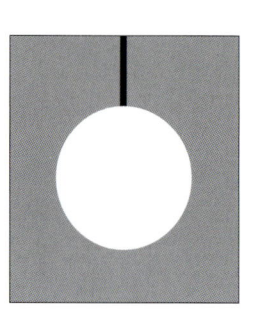

图6-3-3 直接照明、间接照明、漫射照明（从左至右）

## （三）按照射功能分类

服装卖场灯光陈列按照射功能分类可以分为基础照明、重点照明、装饰照明。基础照明主要为整个服装卖场空间提供足够的光线亮度和均匀性，使顾客、店员、陈列师可以进行选购服装、整理货品、陈列实操等活动。重点照明是对陈列物体、区域或景观进行突出灯光陈列的一种照明方式。在服装卖场中，重点照明主要针对橱窗、高柜（架）、形象墙、试衣区等位置。装饰照明是指通过灯光的运用，为卖场空间增添艺术、美学的效果，以达到装饰和美化的目的。

## （四）按照明具体方式分类

服装卖场灯光陈列按照明具体方式分类可以分为顶光、斜侧光、侧光、正面光（图6-3-4）。

顶光是指来自被照射商品顶部的光线，在橱窗及陈列柜中使用较多。顶光在使用过程中会使模特脸部和上下装产生浓重的阴影，通常会与其他光线配合使用。在试衣区，一般要避免单独使用顶光。斜侧光指灯光和被照射物呈45度，通常从左前侧或右前侧的斜向方位对被照射物进行照射，这是橱窗陈列中最常用的光位，能使模特和服装层次分明，立体感强。侧光又称90度侧光，灯光从被照射物的侧面进行照射，使被照射物产生强烈明暗对比，一般不单独使用，只作辅助用光。正面光是指光线来自服装的正前方，能完整地展示整件服装的色彩和细节，但立体感和质感较差，一般用于卖场中货架的照明（图6-3-5）。

顶光　　　　　斜侧光

侧光　　　　　正面光

图6-3-4 顶光、斜侧光、侧光、正面光图

图6-3-5 店铺灯光陈列设计方案

**| 任务实施 |**

  根据品牌陈列调研收集的灯光陈列数据，分析所调研品牌的店铺灯光陈列并提出调整意见。

| 知识测试 |

### 单选题

1.（　　）是指通过巧妙地运用照明设备和技术手段，将商场、专卖店、展厅等场所的产品或展品进行艺术化的展示和布置。

  A. 灯光陈列    B. 服装陈列    C. 橱窗陈列    D. 空间陈列

2.（　　）是在保证舒适和吸引原则的同时，尽可能准确地还原商品的真实颜色和质感。

  A. 舒适原则    B. 吸引原则    C. 真实显色原则   D. 层次分明原则

3.（　　）是指通过将灯光反射或散射到墙壁、天花板、地面等表面上，从而使整个空间得到柔和、均匀的照明效果。

  A. 直接照明    B. 间接照明    C. 漫射照明    D. 灯光照明

### 多选题

1. 服装店铺灯光陈列的原则（　　）。

  A. 舒适原则         B. 吸引原则

  C. 真实显色原则       D. 层次分明原则、品牌风格吻合原则

2. 服装卖场常用陈列照明灯具有（　　）。

  A. 射灯           B. 筒灯

  C. LED 灯带         D. 间接照明

3. 服装卖场灯光陈列按照射方式分类可以分为（　　）。

  A. 直接照明    B. 间接照明    C. 漫射照明    D. 灯光照明

### 判断题

1. 顶光是指来自被照射商品顶部的光线，在橱窗及陈列柜中使用较多。（　　）

2. 装饰照明是对陈列物体、区域或景观进行突出灯光陈列的一种照明方式。（　　）

3. 漫射照明是通过使光线均匀地向四周漫射，营造一种均匀、柔和的照明氛围。（　　）

**参考文献**

［1］李公科，初东廷，陈玉发.服装陈列设计［M］.北京：中国纺织出版社，2023.

［2］韩阳.服装卖场展示设计［M］.上海：东华大学出版社，2014.

［3］韩阳.卖场陈列设计［M］.北京：中国纺织出版社，2006.

［4］汪郑连.品牌服装视觉陈列实训［M］.上海：东华大学出版社，2020.

［5］郑琼华，于虹.服装店铺商品陈列实务［M］.北京：中国纺织出版社，2013.

［6］林光涛，李鑫.陈列规划［M］.北京：化学工业出版社，2019.

［7］吴爱莉，马跃跃.服装店展示设计宝典［M］.北京：化学工业出版社，2012.

［8］符远.展示设计［M］.北京：高等教育出版社，2021.

［9］茅淑桢.服装商品陈列［M］.上海：东华大学出版社，2019.

［10］凌雯.服装陈列设计教程[M].杭州：浙江人民美术出版社，2010.

［11］周同，王露露.陈列管理［M］.沈阳：辽宁科学技术出版社，2010.

［12］张剑峰.服装卖场色彩营销设计［M］.北京：中国纺织出版社，2017.

［13］周辉.图解服饰陈列技巧［M］.北京：化学工业出版社，2011.